TEMAS
ESSENCIAIS
EM EFICIÊNCIA
ENERGÉTICA

BENJAMIM FERREIRA DE BARROS
REINALDO BORELLI
RICARDO LUIS GEDRA

3ª EDIÇÃO

GERENCIAMENTO DE ENERGIA

AÇÕES ADMINISTRATIVAS E TÉCNICAS DE USO ADEQUADO DA ENERGIA ELÉTRICA

érica

saraiva EDUCAÇÃO | érica

Av. Paulista, 901, 3º andar
Bela Vista – São Paulo – SP – CEP: 01311-100

SAC | Dúvidas referentes a conteúdo editorial, material de apoio e reclamações:
sac.sets@somoseducacao.com.br

Direção executiva	Flávia Alves Bravin
Direção editorial	Renata Pascual Müller
Gerência editorial	Rita de Cássia S. Puoço
Editora de aquisições	Rosana Ap. Alves dos Santos
Editoras	Paula Hercy Cardoso Craveiro
	Silvia Campos Ferreira
Produtor editorial	Laudemir Marinho dos Santos
Serviços editoriais	Breno Lopes de Souza
	Josiane de Araujo Rodrigues
	Kelli Priscila Pinto
	Laura Paraíso Buldrini Filogônio
	Marília Cordeiro
	Mônica Gonçalves Dias

Preparação	Julia Pinheiro
Revisão	Vitória Oliveira Lima
Diagramação	Caio Cardoso
Capa	Deborah Mattos
Imagem de capa	iStock/GettyImagesPlus/undefined undefined
Impressão e acabamento	

DADOS INTERNACIONAIS DE CATALOGAÇÃO NA PUBLICAÇÃO (CIP)
ANGÉLICA ILACQUA CRB-8/7057

Barros, Benjamim Ferreira de
Gerenciamento de energia : ações administrativas e técnicas de uso adequado da energia elétrica / Benjamim Ferreira de Barros, Reinaldo Borelli, Ricardo Luis Gedra. – 3. ed. - São Paulo : Érica, 2020.
176 p.

Bibliografia
ISBN 978-85-365-3305-6

1. Energia elétrica 2. Controle de qualidade 3. Energia elétrica - Sistemas – Brasil 4. Gestão de energia 5. Instalações elétricas I. Título II. Borelli, Reinaldo III. Gedra, Ricardo Luis

20-1667 CDD 621.31
CDU 621.31

Índice para catálogo sistemático:
1. Energia elétrica

3ª edição
2020

CO 10323 CL 642534 CAE 727309

Dedicatória

Aos meus pais Meximiano Ferreira de Barros (*in memoriam*) e Eunice Gomes de Barros (*in memoriam*), que contribuíram para minha formação.

À minha esposa Lucia Veloso de Barros, aos nossos filhos Leandro Veloso de Barros e Lucyene Veloso de Barros, e aos meus netos Denis Alexandre, Jennifer, Nicolas, Stephany, Emily e Vitor, pelo apoio mesmo durante os momentos de ausência dedicados à elaboração deste livro.

Benjamim Ferreira de Barros (*in memoriam*)

Aos meus queridos pais Renzo Borelli e Rosa Demitrov Borelli, pelo modo como contribuíram para minha formação.

À esposa Marta, pela paciência e incentivo, e aos meus filhos Fabrizio e Victor. Que possam usufruir do conhecimento deste livro!

Reinaldo Borelli

À minha esposa Adriana Vicente Gedra e ao meu filho Felipe Vicente Gedra, que sempre me apoiaram, mesmo durante os períodos de ausência dedicados à elaboração desta obra.

Aos meus pais André Gedra Filho e Consiglia Anna Carro Gedra, os quais considero exemplos de vida.

Ricardo Luis Gedra

"Ensina-me vosso caminho, Senhor, para que eu ande na vossa verdade;
dirigi meu coração para que eu tema o vosso nome."

Salmos 85, 11

Agradecimentos

A Deus, pelas oportunidades colocadas em nosso caminho.

Aos participantes dos treinamentos que ministramos, cujos questionamentos proporcionam a oportunidade de enriquecer e aprimorar nossos conhecimentos.

Às escolas do sistema Senai, que incentivaram a elaboração deste livro, em especial à Escola Senai Jorge Mahfuz, onde o treinamento de Gerenciamento de Energia foi desenvolvido.

À Light Energia, do Rio de Janeiro, por ter gentilmente cedido os modelos de contas de luz.

Aos senhores Andre Milici Lara e Jorge Florêncio, da empresa 4 Ases, pela contribuição com materiais técnicos.

À Mônica Mello Ferreira e Mariaizilda Silva, pelo suporte concedido nos assuntos referentes à regulamentação entre distribuidoras de energia e consumidores.

Ao diretor Vagner Tadeu de Souza Bueno e ao coordenador Wagner Magalhães, da escola Senai Jorge Mahfuz, e à Márcia Regina Campolina Jorge, da empresa A Cabine Materiais Elétricos Ltda., pelo apoio na divulgação deste livro.

Os autores

Sobre os Autores

Benjamim Ferreira de Barros (*in memoriam*) foi técnico eletricista. Possuía 37 anos de experiência na área elétrica, sendo 27 anos em empresas do setor elétrico, na manutenção de subestações. Atuou por 9 anos como diretor das empresas L&B Capacitação e Treinamento e L&B Energia, prestando serviços de assessoria técnica e de segurança do trabalho, nas áreas de projeto, construção e manutenção. Desenvolveu palestras técnicas e de segurança do trabalho. Foi instrutor do Senai dos cursos Cabine Primária, Sistema Elétrico de Potência (SEP), NR-10, Eficiência Energética, entre outros. Autor dos livros *NR-10 – Guia Prático de Análise e Aplicação* e *Cabine Primária – Subestações de Alta-tensão de Consumidor*, publicados pela Editora Érica.

Reinaldo Borelli é engenheiro eletricista graduado pela Universidade de Mogi das Cruzes (UMC) e possui MBA em Administração para Engenheiros pelo Instituto Mauá de Tecnologia. Conta com mais de 30 anos de experiência nas áreas de projeto, manutenção preventiva e corretiva de instalações elétricas. Autor de outros títulos ligados ao setor elétrico.

Ricardo Luis Gedra é engenheiro eletricista graduado pela Universidade Paulista (Unip) com especialização em Administração pela Fundação Getulio Vargas (FGV-SP) e mestre em Sistemas Elétricos de Potência pela Universidade de São Paulo (USP). Possui mais de 25 anos de experiência no setor elétrico, atuando nas áreas de projeto e manutenção de instalações elétricas, medição de energia elétrica, eficiência energética e comercialização de energia. Palestrante em diversos congressos e autor de outros cinco livros.

Prefácio

Foi com muito prazer que aceitei o convite dos professores Ricardo Luis Gedra, Reinaldo Borelli e Benjamim Ferreira de Barros (*in memoriam*) para escrever o prefácio desta terceira edição do livro Gerenciamento de Energia.

A obra foi elaborada por profissionais fortemente atuantes na área e, claro, o resultado não poderia ser diferente. O trabalho gerou em excelente guia para estudantes, técnicos e engenheiros por meio de uma abordagem objetiva e prática.

O tema trabalhado é fundamental para a infraestrutura nacional. Segundo a Empresa de Pesquisa Energética (EPE), em 2018, a indústria consumiu 35,8% do total da energia elétrica produzida. O consumo residencial ficou em 28,9% e o restante foi para o comércio e outras áreas.

Ora, se em uma economia claramente em recessão consumimos mais de um terço de toda a produção brasileira somente para a indústria, quanto será quando ela se aquecer?

Mais do que nunca técnicas de gestão do consumo, eficiência e sustentabilidade farão toda a diferença na competitividade do país e de cada empresa individualmente. Temos um cenário promissor. Ainda segundo a EPE, 82% da nossa eletricidade é renovável. Carvão, petróleo e gás representam apenas 17% da geração, ou seja, bem diferente do restante do planeta, em que apenas 24% é renovável.

Hoje, já temos 7% da geração nas formas eólica e solar, com potencial geográfico praticamente incalculável visto nossa extensão territorial e nossos cerca de 8.500 km de litoral.

Em contrapartida, também temos desafios. Somos a oitava conta de energia elétrica mais cara do mundo: aproximadamente R$ 343,00 o MW/h, o que nos equipara a países como El Salvador. Desse valor, apenas 60% é devido à geração, à transmissão e à distribuição. Todo o resto são custos indiretos, como: encargos setoriais (8,19%), perdas (4,38%), e tributos (PIS, Cofins e ICMS, totalizando 26,8%).

Cientes disso, esse grupo de professores lança a terceira edição, a qual se divide em sete capítulos: conceito de energia, gerenciamento, fator de potência, eficiência, viabilidade, certificação das edificações e ISO 50001.

Aproveitem bem este rico material e boa leitura.

Eng. Alexandre Capelli

DIRETOR ESCOLA SENAI ALFRIED KRUPP

Sumário

CAPÍTULO 4

Diagnóstico Energético, 99

CAPÍTULO 1

Conceitos

Desde o início do século XX até a presente data, o setor elétrico brasileiro passou por muitas transformações até chegar ao atual modelo, que determina as regras a serem seguidas para as empresas que atuam nesse segmento.

Um importante marco para a definição do atual modelo do setor elétrico foi o programa de Reestruturação do Setor Elétrico Brasileiro (Reseb), instituído na década de 1990. Até aquele período, as tarifas de energia eram únicas para todo o País, não levando em consideração as particularidades de cada região. Além disso, o valor das tarifas era utilizado como ferramenta de controle da inflação, fazendo com que a remuneração das empresas, que na época eram estatais, fosse pequena diante dos seus custos operacionais.

Outra característica das empresas de energia elétrica era o fato de serem verticalizadas, gerando e transmitindo a energia que distribuíam para seus clientes.

O modelo existente até então não estava apropriado. A veracidade desta afirmação pode ser constatada no Gráfico 1.1. Enquanto o País crescia, necessitando cada vez mais de energia elétrica, os investimentos na área de geração estavam decrescentes.

Essa redução nos investimentos em geração de energia elétrica nos anos 1990 já era o prenúncio de uma futura falta de energia elétrica para o atendimento do País. Esse fato, agravado pela escassez de chuvas, culminou com o racionamento de energia elétrica ocorrido entre junho de 2001 e fevereiro de 2002.

Na década de 1990, muitas regras foram modificadas com o objetivo de remodelar o setor elétrico, as quais permanecem até hoje, definindo a maneira como as empresas devem manter e operar o sistema.

Gráfico 1.1 Investimento em geração de energia elétrica no Brasil entre 1990 e 1995

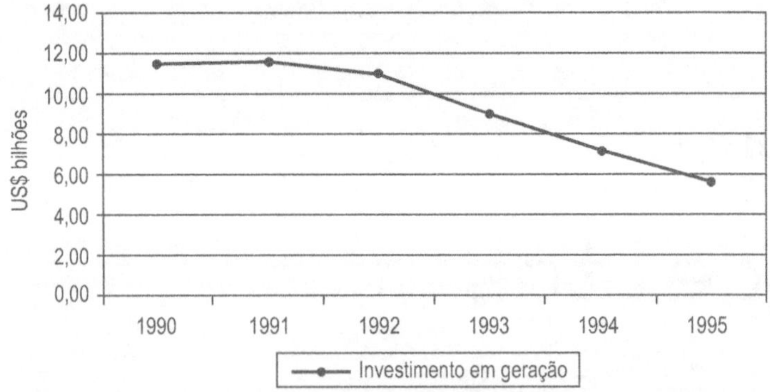

Fonte de dados: ELETROBRÁS - GCOI, 1997 apud ROSIM, 2008.

Inicialmente, as empresas, que eram verticalizadas, foram desmembradas em distribuidoras, transmissoras e geradoras, sendo criada ainda uma quarta categoria, as comercializadoras.

Uma vez desmembradas, iniciou-se um programa de privatização, que começou pelas distribuidoras e estendeu-se para as transmissoras e as geradoras.

A primeira distribuidora privatizada, em julho de 1995, foi a Escelsa, que atende a maior parte do estado do Espírito Santo. Posteriormente, foram privatizadas outras empresas. O programa não chegou a ser concluído, haja vista que remanesceram algumas distribuidoras de propriedade do governo, como a Copel, que atende a quase todo o estado do Paraná; a Cemig, responsável por atender a maior parte do estado de Minas Gerais, entre outras.

As empresas de geração e comercialização passaram a atuar em um mercado livre, no qual imperam a competitividade e a concorrência. As distribuidoras e as transmissoras passaram a atuar de forma controlada, em um mercado totalmente regulado.

O fato de a distribuição de energia constituir um monopólio natural justificou a regulação das distribuidoras. Os consumidores, considerados clientes cativos, não dispõem da possibilidade de contratar o serviço de uma empresa concorrente, situando as distribuidoras em uma atividade comercial confortável. Em contrapartida, a remuneração de valores adequados permite às distribuidoras a prática de um serviço com qualidade.

Quadro 1.1 Ambiente de contratação para cada tipo de empresa

<table>
<tr><th>Tipo de empresa</th><th>Ambiente de contratação</th></tr>
<tr><td>Geradora</td><td rowspan="2">Livre</td></tr>
<tr><td>Comercializadora</td></tr>
<tr><td>Distribuidora</td><td rowspan="2">Regulado</td></tr>
<tr><td>Transmissora</td></tr>
</table>

Existe a possibilidade de os consumidores de energia elétrica supridos pelas distribuidoras atuarem no ambiente de contratação livre, porém, eles precisam atender a uma série de regras, que serão apresentadas em detalhes no item 2.10 deste livro.

1.1 Principais entidades do setor elétrico

O setor elétrico é composto por diversas entidades que estão relacionadas entre si para formar a governança que regulamenta, fiscaliza e opera o setor. A seguir estão descritas as principais entidades deste setor e um resumo de suas atribuições.

1.1.1 Agência Nacional de Energia Elétrica (Aneel)

Tanto a regulação quanto a fiscalização do serviço prestado pelas distribuidoras e transmissoras – que atuam em um mercado regulado – e pelas geradoras e comercializadoras são feitas pela Agência Nacional de Energia Elétrica (Aneel), criada em 1996.

Embora seja atribuição da Aneel fiscalizar as empresas do setor elétrico, alguns estados possuem agências locais, encarregadas de auxiliá-la na fiscalização.

Quadro 1.2 Agências estaduais conveniadas em 2019

AGEPAN	Agência Estadual de Regulação de Serviços Públicos do Mato Grosso do Sul
AGER	Agência de Regulação dos Serviços Públicos Delegados do Estado de Mato Grosso
AGERGS	Agência Estadual de Regulação dos Serviços Públicos Delegados do Rio Grande do Sul
AGR	Agência Goiana de Regulação, Controle e Fiscalização de Serviços Públicos
ARCE	Agência Reguladora de Serviços Públicos Delegados do Estado do Ceará
ARPB	Agência de Regulação do Estado da Paraíba
ARPE	Agência de Regulação de Pernambuco
ARSAL	Agência Reguladora de Serviços Públicos do Estado de Alagoas
ARSEP	Agência Reguladora de Serviços Públicos do Rio Grande do Norte
ARSESP	Agência Reguladora de Saneamento e Energia do Estado de São Paulo

As atribuições da Aneel, apresentadas a seguir, têm a função de proporcionar condições favoráveis para que o mercado de energia elétrica se desenvolva com equilíbrio entre as empresas do setor elétrico e em benefício da sociedade. São elas:

- mediação de eventuais conflitos existentes entre os agentes do setor elétrico e entre estes e os consumidores;
- definir as tarifas cobradas dos consumidores, garantindo valores justos em relação aos custos operacionais das empresas e à qualidade do serviço prestado;
- apurar a qualidade do serviço prestado por meio de indicadores predefinidos, apresentados no item 1.4.3 deste livro;

- fiscalizar os investimentos na manutenção e na expansão da rede elétrica, realizados pelas empresas do setor elétrico.

1.1.2 Câmara de Comercialização de Energia Elétrica (CCEE)

O Mercado Atacadista de Energia Elétrica (MAE) foi criado em 1998 com a finalidade de controlar e viabilizar as transações de energia elétrica das geradoras, distribuidoras e comercializadoras. Em 2004, o MAE foi renomeado Câmara de Comercialização de Energia Elétrica (CCEE).

Dentre suas atribuições, destacam-se:

- manter e registrar os contratos de fornecimento de energia elétrica entre as empresas do setor elétrico;
- prover a medição e o registro da energia elétrica gerada, transmitida e consumida;
- estabelecer o Preço de Liquidação das Diferenças (PLD)[1] do mercado de curto prazo;
- apurar eventuais descumprimentos de limites de contratação de energia elétrica e, quando necessário, aplicar as respectivas penalidades;
- promover leilões de compra e venda de energia elétrica, conforme delegação da Aneel;
- monitorar se as empresas do setor elétrico estão cumprindo as regras e os procedimentos de comercialização de energia elétrica.

1.1.3 Operador Nacional do Sistema Elétrico (ONS)

Em 1998, foi criado o Operador Nacional do Sistema Elétrico (ONS), entidade que possui como atribuições coordenar e controlar a operação das instalações de geração e transmissão de energia elétrica no Sistema Interligado Nacional (SIN).

O papel desse controle centralizado é buscar a otimização dos recursos naturais (água, gás etc.) na geração de energia elétrica para todo o País. A partir desse controle, o ONS fornece todas as informações sobre a energia que circula pelo sistema elétrico brasileiro.

O Mapa 1.1 apresenta, de forma resumida, a abrangência e a cobertura existentes do SIN pelo Brasil. Ao longo da década de 2010, a maior parte das capitais da região norte do País foram conectadas ao SIN, faltando apenas a cidade de Boa Vista, que está apresentada no mapa com um projeto futuro de interligação.

Sob o ponto de vista da operação do sistema, o ONS tem como propósito garantir a continuidade do fornecimento, evitando interrupções ou, em caso de ocorrência, reduzindo ao mínimo possível o tempo sem energia elétrica.

O ONS controla a operação de usinas de médio e grande portes, bem como das linhas de transmissão de tensão superior a 230 kV, que geralmente alimentam várias cidades ou regiões de grandes centros, como São Paulo e Rio de Janeiro.

---

1 O PLD é utilizado para definir o valor de compra e venda de energia elétrica no mercado de curto prazo, para as empresas que atuam no mercado livre. O item 2.4 deste livro apresenta mais informações sobre esse conceito.

Mapa 1.1 Mapa resumido do Sistema Elétrico Interligado (SIN)

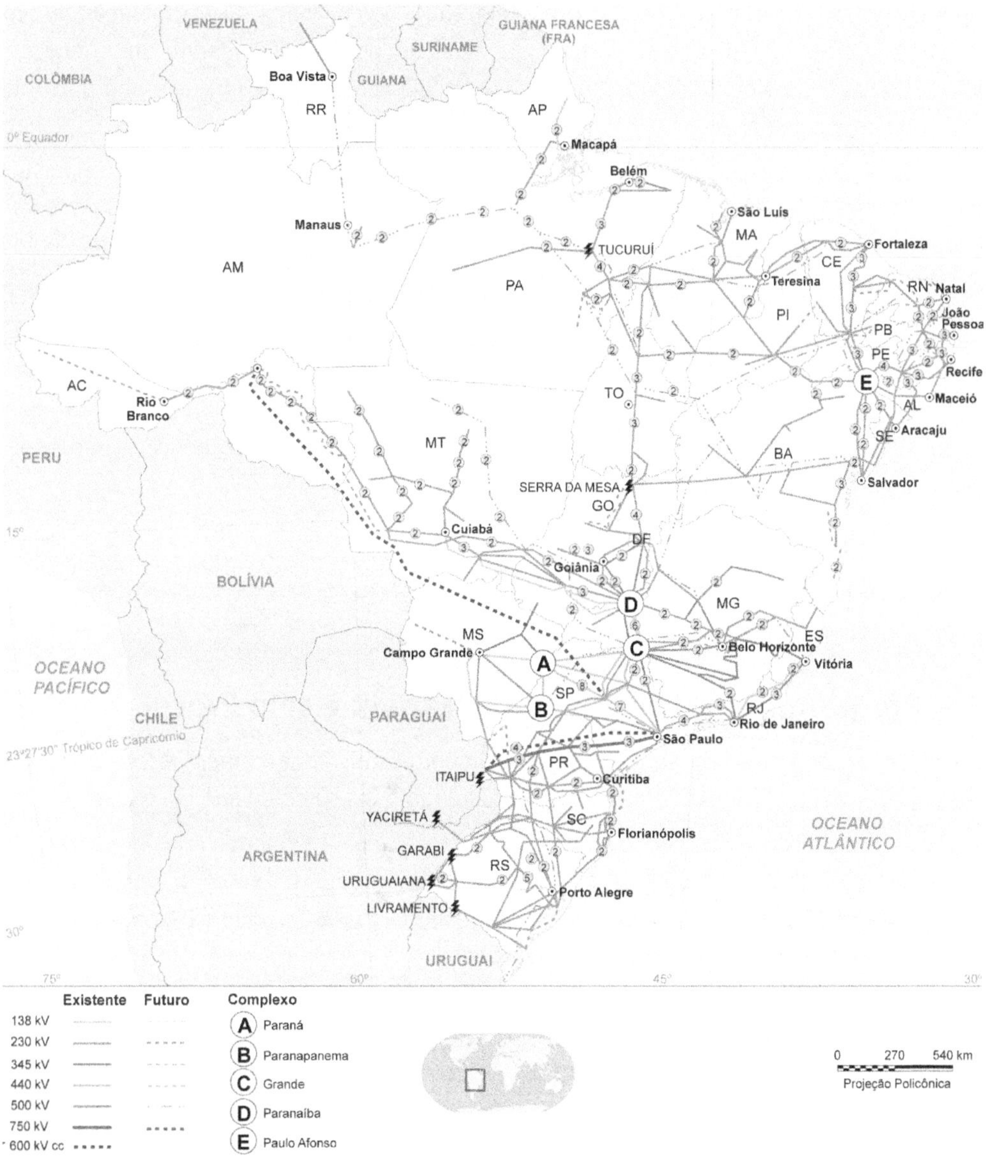

Fonte: ONS (2019).

As interrupções no fornecimento de energia elétrica, ocorridas em linhas de transmissão de tensão inferior a 230 kV, que geralmente afetam áreas menores, não são controladas pelo ONS, ficando a cargo da transmissora ou da distribuidora de energia elétrica local a responsabilidade pelo restabelecimento do fornecimento de energia elétrica.

1.1.4 Empresa de Pesquisa Energética (EPE)

Após o colapso do sistema elétrico ocorrido em 2001, que culminou na implantação de um racionamento nacional de energia elétrica, que se estendeu até 2002, identificou-se a necessidade de haver uma entidade que realizasse o planejamento estratégico de longo prazo da expansão do sistema elétrico.

Em 2004, foi criada a Empresa de Pesquisa Energética (EPE), com a finalidade de prestar serviços na área de estudos e pesquisas destinados a subsidiar o planejamento do setor energético, como energia elétrica, petróleo, gás natural e seus derivados, carvão mineral, fontes energéticas renováveis, eficiência energética, entre outros.

A EPE faz o planejamento da expansão do sistema elétrico e realiza os estudos preliminares de viabilidade até a preparação para o leilão que define o responsável pela construção da usina.

Em suas atividades de planejamento inclui-se a elaboração dos seguintes documentos, adotados como referências em todo o setor elétrico:

- Plano Decenal de Energia;
- Plano Nacional de Energia;
- Balanço Energético Nacional.

1.2 Programa Brasileiro de Etiquetagem e selo Procel

O consumidor que pretende adquirir um equipamento elétrico nem sempre dispõe de condições para avaliar a eficiência do produto, considerando o consumo de energia elétrica.

Mesmo que o consumidor tenha um pensamento racional e pretenda adquirir um produto de elevada eficiência energética, a tomada de decisão pode ser comprometida, uma vez que essa informação somente é obtida após a realização de uma série de ensaios, que necessitam de equipamentos e metodologia apropriados.

Com o objetivo de prestar suporte ao consumidor quanto à eficiência energética de um produto, em 1984 foi assinado um protocolo entre o Ministério da Indústria e Comércio e a Associação Brasileira da Indústria Elétrica e Eletrônica (Abinee), com a interveniência do Ministério de Minas e Energia, que instituiu o Programa Brasileiro de Etiquetagem (PBE).

Atualmente, esse programa está amplamente difundido e dispõe de uma ampla gama de produtos que têm sua eficiência energética avaliada antes de serem colocados à venda. São etiquetados equipamentos como aquecedores de água, condicionadores de ar, geladeiras, lâmpadas, motores elétricos, lavadoras, televisores, entre outros equipamentos que podem ser consultados no site do Inmetro.[2]

---

2 Disponível em: <http://www4.inmetro.gov.br>. Acesso em: 5 mar. 2020.

Após a avaliação, cada produto recebe uma etiqueta que apresenta o nível de eficiência atribuído, representada por faixas coloridas, entre as letras A e G. Os produtos dotados de classificação A são os de maior eficiência, ou seja, com o menor consumo de energia. Os produtos classificados com a letra G são menos eficientes, portanto, com maior consumo de energia. A etiqueta recebida é similar ao modelo mostrado na Figura 1.1.

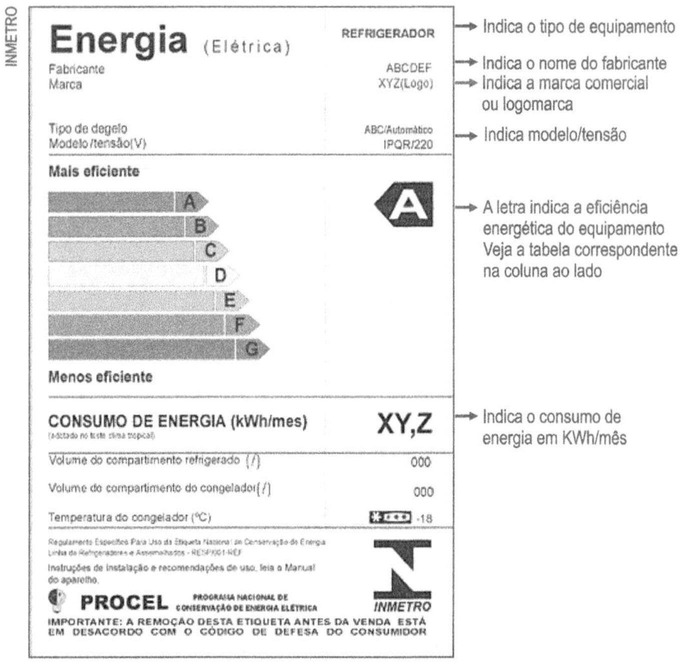

Figura 1.1 Exemplo de etiqueta de refrigerador.

Com o objetivo de incentivar os fabricantes a desenvolverem produtos cada vez mais eficientes, em 1993 foi criado o selo Procel, que premia o produto com o melhor nível de eficiência energética dentro de sua categoria.

O vencedor de cada categoria pode ostentar um selo, similar ao apresentado na Figura 1.2, durante um ano, periodicidade em que é realizada cada edição dessa premiação. Esse selo orienta o consumidor no ato da compra, indicando os produtos que apresentam os melhores níveis de eficiência energética dentro de cada categoria, proporcionando maior economia na conta de energia elétrica.

Figura 1.2 Selo Procel.

A título de exemplo, o consumidor que adquirir uma geladeira de 450 litros com o selo Procel, vai adquirir o produto mais eficiente dentre os modelos de mesma capacidade. Caso um produto de menor capacidade atenda suas necessidades, pode ser adquirida uma geladeira de 300 litros, também com o selo Procel, a qual consome menos energia elétrica do que o modelo de 450 litros.

1.3 Matriz energética

A matriz energética corresponde ao mapeamento de todas as fontes energéticas que contribuem para o fornecimento total de energia do local estudado, com seu respectivo percentual de contribuição.

Considerando o estudo do âmbito nacional, a matriz energética brasileira representa o mapeamento de todas as fontes que fornecem energia no País, com o respectivo percentual de contribuição de cada fonte. Portanto, o conhecimento da matriz norteia a adoção de decisões quando se realiza o gerenciamento energético de uma instalação.

No quesito geração de energia, o Brasil possui características peculiares e fontes energéticas muito diferentes das dos demais países. A parcela mais significativa da nossa matriz energética é oriunda do petróleo, predominantemente impulsionada pelo setor de transportes. Em segundo lugar está a biomassa de cana, que possui dois grandes usos energéticos, sendo eles o etanol utilizado nos veículos e a geração de eletricidade.

Gráfico 1.2 Oferta interna de energia no Brasil em 2018 por tipo de fonte

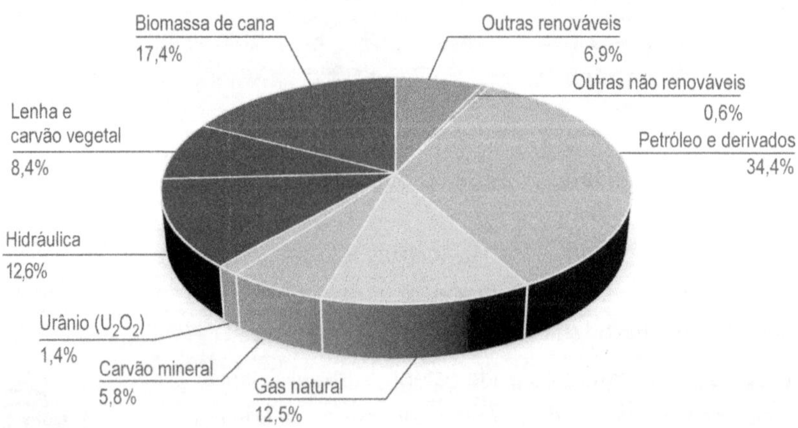

Fonte: Balanço Energético Nacional 2018/2019.

Como pode ser observado no Gráfico 1.3, a oferta de energia elétrica proveniente de hidrelétricas representa 66,6% da energia gerada no País, de acordo com os dados do Balanço Energético Nacional de 2018. Naquele ano, a capacidade total instalada de geração de energia elétrica do Brasil alcançou 162.840 MW.

A importação de energia elétrica que consta na legenda do Gráfico 1.3 corresponde, em grande parte, à parcela da energia elétrica produzida pela usina de Itaipu que o Paraguai não utiliza e que, portanto, é consumida pelo Brasil. Dentre as demais conexões internacionais que o Brasil possui com Uruguai, Argentina e Venezuela, apenas neste último há efetivamente uma dependência de importação de energia para abastecimento, que se refere à cidade de Boa Vista (RO) e parte do estado de Roraima.

O Brasil está adotando algumas ações para mitigar essa dependência da Venezuela, como o fomento à construção de usinas no local e, também, viabilizando a construção de uma linha de transmissão que interligará Boa Vista ao Sistema Interligado Nacional, por meio de Manaus (AM).

A usina hidrelétrica de Itaipu, administrada pela Itaipu Binacional, tem o Brasil e o Paraguai como proprietários, em partes iguais. A parcela de energia elétrica proveniente dessa usina e consumida pelo Paraguai é pequena. Com base no acordo firmado entre os dois países para sua construção, a energia gerada pelos equipamentos pertencentes ao Paraguai, e não consumida por esse país, é vendida ao Brasil. Essa é, portanto, a razão que justifica afirmar que a importação representa uma fatia significativa da matriz elétrica do Brasil.

Gráfico 1.3 Matriz energética do Brasil de 2018

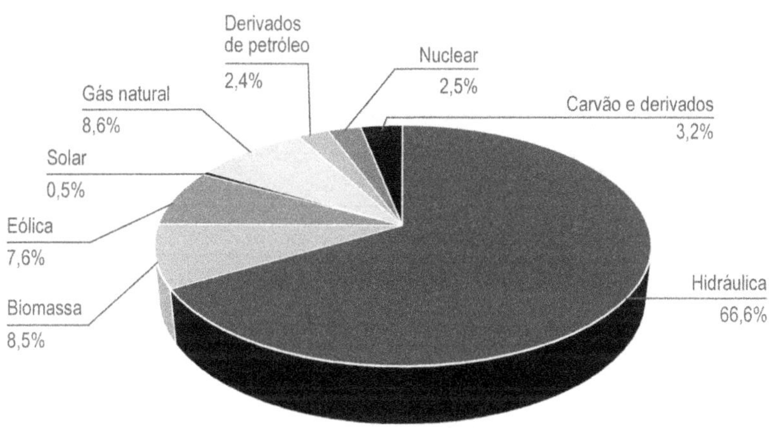

Fonte: Balanço Energético Nacional 2018/2019.[3]

Nas regiões Sul e Sudeste está concentrada a maior parcela da carga de energia elétrica do Brasil, contudo, o potencial de construção de usinas hidrelétricas (UHE) nessas localidades já foi amplamente explorado, forçando a construção de novas UHE na região Norte. Outra fonte de geração no Brasil refere-se ao potencial eólico, amplamente explorado no Nordeste.

As medidas necessárias para conter os impactos ambientais provenientes da construção das usinas, somadas à necessidade da construção de linhas de transmissão para transportar a energia gerada para as regiões Sul e Sudeste, oneram as tarifas de energia elétrica, que são definidas, entre outros fatores, em função dos custos de geração e transmissão.

3 Nota do autor: a soma não corresponde a 100%, no entanto, a fonte original apresenta esses números.

Apesar da perspectiva de aumento desses custos, a energia elétrica proveniente de fonte hidrelétrica ainda se apresenta com tarifa competitiva com relação a outras fontes energéticas.

Quando se analisa o fornecimento de energia elétrica, sempre vem à tona a questão da disponibilidade dessa energia, haja vista o racionamento que o País enfrentou entre os anos 2001 e 2002, implicando a obrigatoriedade de todos os consumidores reduzirem o consumo de energia em 20%, sob pena de multa e corte no fornecimento.

A causa do racionamento foi a escassez de água nos reservatórios das usinas, decorrente do baixo índice de chuvas, e não a falta de hidrelétricas, visto que nesse processo a água é de fundamental importância para o acionamento das turbinas.

O Gráfico 1.4 apresenta a evolução da capacidade instalada comparando a capacidade de geração de energia elétrica das fontes hidrelétricas, termelétricas, termonucleares e eólicas.

Gráfico 1.4 Evolução da capacidade instalada de geração de energia elétrica no Brasil

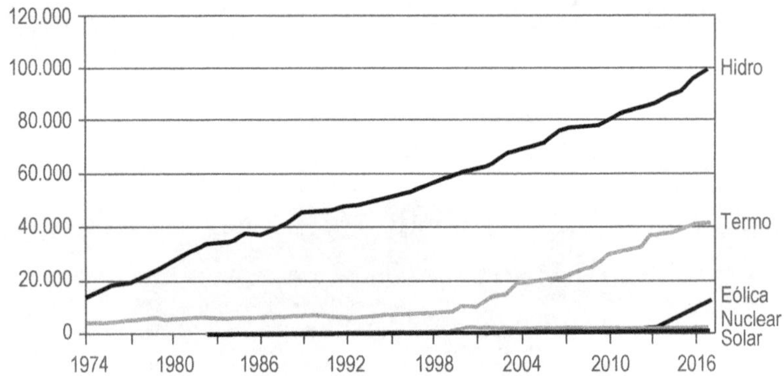

Fonte: Balanço Energético Nacional 2018/2019.

A projeção de crescimento da matriz energética é estabelecida pelo Plano Decenal de Energia (PDE), elaborado pela Empresa de Pesquisa Energética (EPE). A evolução indicativa da geração para os próximos anos está reproduzida na Tabela 1.1.

A fonte solar, que teve suas primeiras usinas de grande porte inauguradas em 2018, deve se desenvolver ao longo da década de 2020. Estima-se que a geração eólica, que apresentou forte crescimento nos anos 2010, deve continuar crescendo. As usinas hidroelétricas não devem apresentar crescimento significativo, tendo em vista que as demais fontes devem atender a necessidade de energia elétrica do País.

Tabela 1.1 Projeção ca matriz de geração de energia elétrica até 2027

Fonte[a]	2018	2019	2020	2021	2022	2023	2024	2025	2026	2027
Renováveis	131.859	135.275	139.329	140.297	141.463	147.000	150.998	155.534	159.874	164.171
Hidro[b]	96.625	98.188	101.854	101.854	101.916	102.058	102.176	102.732	103.092	103.410
Outras renováveis:	35.235	37.088	37.474	38.442	39.547	44.942	48.822	52.802	56.782	60.762
PCH e CGH	6.245	6.360	6.553	6.715	6.751	7.168	7.518	7.968	8.418	8.868
Eólica	13.624	14.951	15.069	15.171	15.351	18.672	20.672	22.672	24.672	26.672
Biomassa[c] + Biogás	13.598	13.581	13.595	13.724	13.806	14.463	14.993	15.523	16.053	16.583
Solar centralizada	1.768	2.196	2.258	2.832	3.639	4.639	5.639	6.639	7.639	8.639
Não renováveis	22.812	23.453	25.255	26.559	26.559	28.506	30.977	30.012	31.210	31.980
Urânio	1.990	1.990	1.990	1.990	1.990	1.990	1.990	1.990	3.395	3.395
Gás natural[d]	12.538	12.939	14.454	15.759	15.759	17.898	21.352	21.870	21.870	23.021
Carvão	3.075	3.420	3.420	3.420	3.420	3.420	3.420	3.420	3.420	3.420
Óleo combustível[e]	3.721	3.696	3.696	3.696	3.696	3.696	3.262	1.780	1.749	1.368
Óleo diesel[e]	1.488	1.408	1.694	1.694	1.694	1.502	952	952	776	776
UTE Ciclo Aberto + Tec. Armazenamento[f]					204	1.305	3.997	7.762	7.762	13.142
Total do SIN	154.671	158.728	164.583	166.856	168.227	176.812	185.972	193.308	198.846	209.294
Itaipu 50 Hz[g]	7.000	7.000	7.000	7.000	7.000	7.000	7.000	7.000	7.000	7.000
Total disponível	**161.671**	**165.728**	**171.583**	**173.856**	**175.887**	**183.812**	**792.972**	**200.308**	**205.846**	**216.294**

Notas: (a) A evolução não considera a autoprodução de uso exclusivo que, para os estudos energéticos, é representada como abatimento de carga. A evolução da participação da autoprodução de energia é descrita no Capítulo II.
(b) Os valores da tabela indicam a potência instalada em dezembro de cada ano, considerando a motorização das UHE.
(c) Inclui usinas a biomassa com CVU > O e CVU = 0 (bagaço de cana). Para as usinas a bagaço de cana, os empreendimentos são contabilizados com a potência instalada total.
(d) Em gás natural, é incluído também o montante de gás de processo.
(e) Usinas termelétricas movidas a óleo diesel e óleo combustível são retiradas do Plano de Expansão de Referência nas datas de término de seus contratos.
(f) Alternativa Indicativa de Ponta: contempla termelétricas a ciclo aberto e tecnologias de armazenamento.
(g) Parcela da UHE Itaipu pertencente ao Paraguai, cujo excedente de energia é exportado para o mercado brasileiro.

Fonte: Plano Decenal de Expansão de Energia (EPE), 2027.

Dentre as fontes não renováveis, destaca-se o gás natural, com a maior projeção de crescimento. A usina nuclear de Angra III está planejada para iniciar sua operação em 2026, o que está reproduzido no aumento da fonte urânio em 2026.

As fontes óleo e as usinas termelétricas (UTE) de ciclo aberto apresentam características peculiares no planejamento. As duas fontes de óleo da Tabela 1.1 devem reduzir sua capacidade instalada, pois quando seus contratos de fornecimento se encerrarem, os mesmos não devem ser renovados. Parte dessas usinas atendem a sistemas isolados da região Norte, que estão previstas para se conectarem ao SIN.

Nas UTE, a primeira etapa do processo consiste na mistura de ar comprimido com o gás natural, a fim de se obter a combustão. O resultado é a emissão de gases em alta temperatura, que provocam o movimento das turbinas conectadas aos geradores de eletricidade. A energia térmica, portanto, transforma-se em mecânica e, em seguida, em elétrica. O destino dado ao gás natural após essa aplicação determina se o ciclo da termelétrica será simples (aberto) ou combinado (fechado). No primeiro caso, que é o mais comum, os gases são resfriados e liberados na atmosfera por meio de uma chaminé. No ciclo combinado, ainda em alta temperatura, os gases são transformados em vapor, que, direcionado às turbinas, novamente provoca seu movimento. Assim, a característica básica de termelétricas a ciclo combinado é a operação conjunta de turbinas movidas a gás e a vapor.

Em relação a UTE de ciclo aberto, trata-se de uma fonte que não existe e deve ser inserida na matriz a partir de 2022. Essa fonte apresenta baixa eficiência, porém deve ser introduzida, pois ela é adequada para a operação em momentos de pico de carga do sistema elétrico.

1.3.1 Consumo de energia por setor

Para analisar como é utilizada a energia elétrica no Brasil, é necessário fracionar o consumo de acordo com o modo de utilização.

As pesquisas que avaliam a posse de equipamentos e hábitos de consumo segregam a utilização da energia elétrica por setores econômicos. Dentro de cada setor é feita uma análise de utilização e consumo da energia elétrica. O Gráfico 1.5 mostra o consumo de energia elétrica ocorrido no Brasil em 2018, considerando os principais setores da economia.

Ao observar o Gráfico 1.5, é possível verificar que o setor industrial consome 37,7% da energia elétrica gerada no País, seguido pelo setor residencial (25,5%) e pelo comercial (17,1%). O saldo restante está dividido entre os setores público, agropecuário, energético e de transportes.

Gráfico 1.5 Consumo de energia elétrica no Brasil por setor em 2018

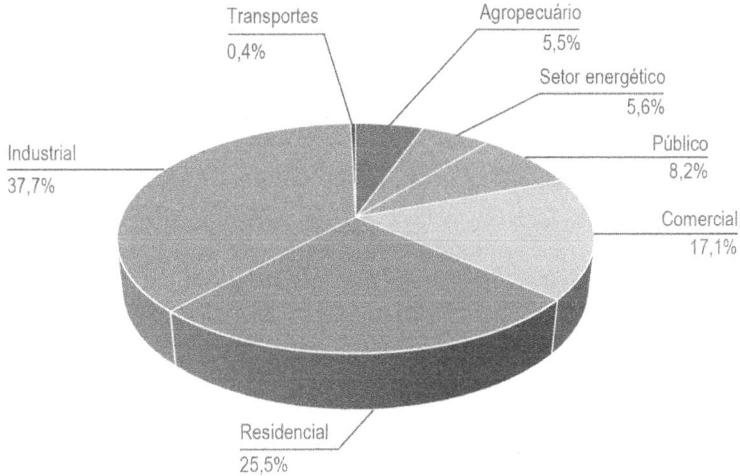

Fonte: Balanço Energético Nacional 2018/2019.

A seguir será apresentado, de maneira desmembrada, o consumo de energia elétrica dos três setores mais significativos no Brasil.

O documento *Pesquisa de Posse de Equipamentos e Hábitos de Uso – Classe Industrial de Alta Tensão*, publicado em 2008[4] pelo Procel, com dados de 2005, apresenta o levantamento do consumo de energia elétrica de equipamentos e processos da indústria. Essa pesquisa refere-se às indústrias alimentadas em alta-tensão, que representam quase a totalidade do consumo de energia elétrica desse setor.

Nota-se que os motores representam uma parcela muito significativa do consumo de energia elétrica nesse setor, seguidos da eletrotermia. Para interpretar mais adequadamente a utilização desses motores, a mesma pesquisa apresenta o consumo de energia dividido pela sua aplicação.

Nota-se que a maior parcela do consumo de energia elétrica associada aos motores da indústria está concentrada nos processos, seguida de bombeamento e compressão.

4 Embora seja pesquisa antiga, o Procel não realizou outro estudo até a publicação deste livro. Também não há outra fonte oficial que apresente tais dados mais atualizados.

Gráfico 1.6 Distribuição do consumo de energia elétrica por uso final na indústria de alta-tensão no Brasil em 2005

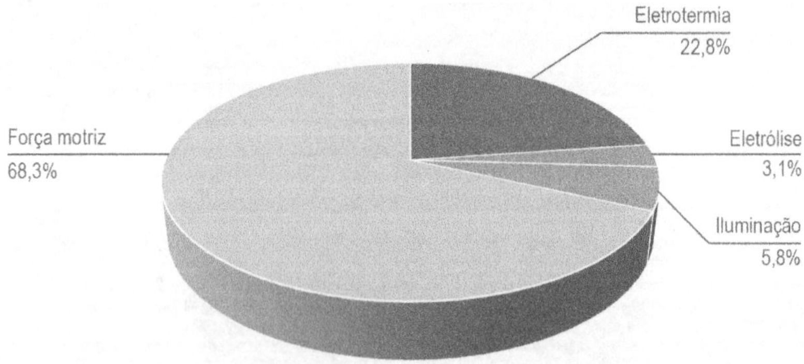

Fonte: Pesquisa de Posse de Equipamentos e Hábitos de Uso - Classe Industrial de Alta Tensão.

Gráfico 1.7 Distribuição do consumo de energia elétrica de motores na indústria de alta tensão no Brasil em 2005

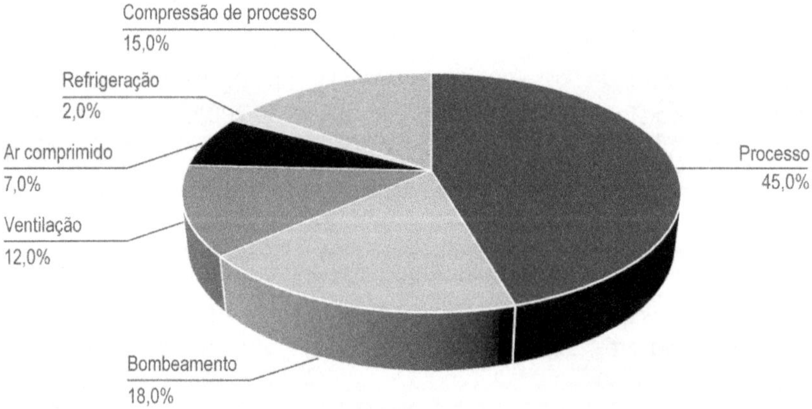

Fonte: Pesquisa de Posse de Equipamentos e Hábitos de Uso - Classe Industrial de Alta Tensão.[5]

Considerando o setor comercial, o referido estudo apresenta o consumo de energia elétrica no setor comercial de alta tensão (Gráfico 1.8).

Quase metade do consumo de energia elétrica do setor comercial é devida ao sistema de ar-condicionado (refrigeração). No setor industrial, por exemplo, a refrigeração representa apenas 2%. A iluminação também desponta com 15,2%, ao passo que na indústria a participação é tão pequena que sequer é representada no Gráfico 1.8.

5 Nota do autor: a soma não corresponde a 100%, no entanto, a fonte original apresenta esses números.

Gráfico 1.8 Distribuição do consumo de energia elétrica no setor comercial de alta-tensão no Brasil em 2005

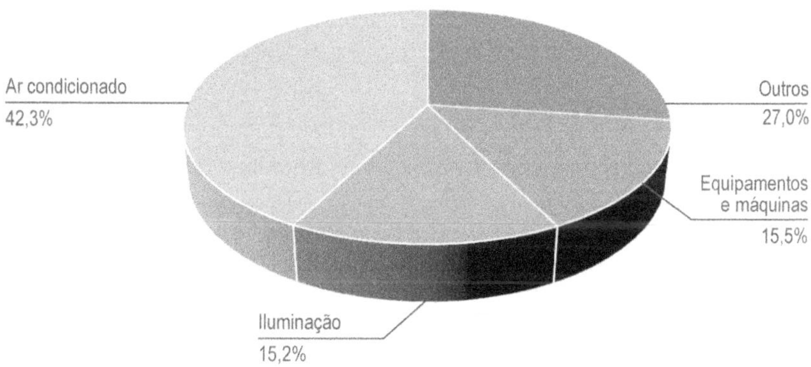

Fonte: Pesquisa de Posse de Equipamentos e Hábitos de Uso – Classe Comercial de Alta Tensão.

Para avaliar o consumo de energia elétrica no setor residencial, utiliza-se a *Pesquisa de Posse de Equipamentos e Hábitos de Uso – Classe Residencial*, publicada pelo Procel em 2007, com base em dados de 2005.

No setor residencial, o perfil de consumo, apresenta grande variação em função da região do País. Os dados do Gráfico 1.9 demonstram a média nacional.

Chuveiro, geladeira e ar-condicionado despontam como os equipamentos que mais consomem energia elétrica em uma residência no Brasil. Obviamente que nas regiões Norte e Nordeste do País, onde a média anual de temperatura é mais elevada, o chuveiro elétrico é menos representativo no consumo de uma residência.

Gráfico 1.9 Média nacional de distribuição do consumo de energia elétrica no setor residencial em 2005

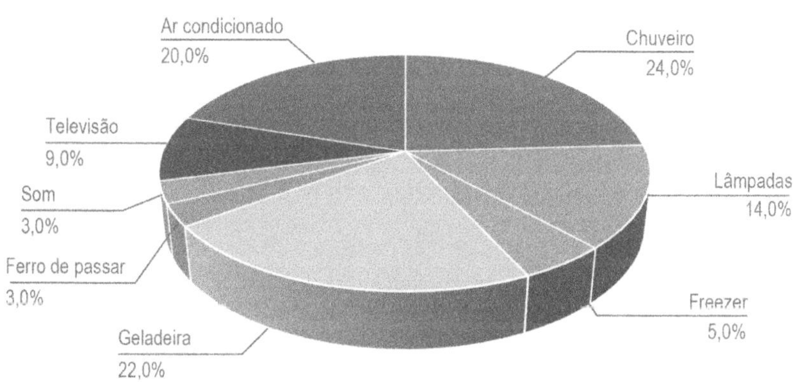

Fonte: Pesquisa de Posse de Equipamentos e Hábitos de Uso – Classe Residencial.

1.4 Qualidade de energia

O desenvolvimento tecnológico trouxe inúmeros benefícios aos consumidores residenciais, comerciais e industriais de energia elétrica por meio da utilização de novos equipamentos. É evidente que o modo de vida moderno faz uso intensivo da eletricidade no lazer, em condicionamento de ambientes, conservação de alimentos, conforto e facilidades domésticas. Além disso, outros serviços envolvendo iluminação pública, saúde, telecomunicações, sistema bancário e transporte público podem ser comprometidos diante da qualidade de energia elétrica fornecida.

É interessante observar que os mesmos equipamentos que proporcionam conforto e aumento de produtividade impõem distúrbios à rede elétrica.

A sensibilidade dos atuais equipamentos eletrônicos aos fenômenos associados à Qualidade de Energia Elétrica (QEE) preocupa não somente os consumidores como também as concessionárias e distribuidoras de energia. Tal comportamento é atribuído principalmente aos seguintes fatores:

- a influência que a QEE exerce sobre a vida útil dos equipamentos elétricos devido às variações impostas pela forma de onda da tensão encontrada nas instalações elétricas;
- os componentes dos equipamentos fabricados recentemente, constituídos por microprocessadores e dispositivos eletrônicos sensíveis a distúrbios;
- a crescente preocupação pela conservação e pelo uso racional da energia elétrica, a qual aumentou o uso de equipamentos geradores de distorções.

A evolução tecnológica trouxe cargas controladas eletronicamente, substituindo aquelas com características resistivas e reativas. Os equipamentos elétricos denominados não lineares distorcem a forma de onda de tensão e corrente.

As cargas resistivas, indutivas ou capacitivas, por conta de seu comportamento, são denominadas cargas lineares, conforme ilustra o Gráfico 1.10. Embora possa estar defasada da tensão, a corrente na carga linear apresenta a mesma forma de onda.

Gráfico 1.10 Curva tensão × corrente de uma carga linear

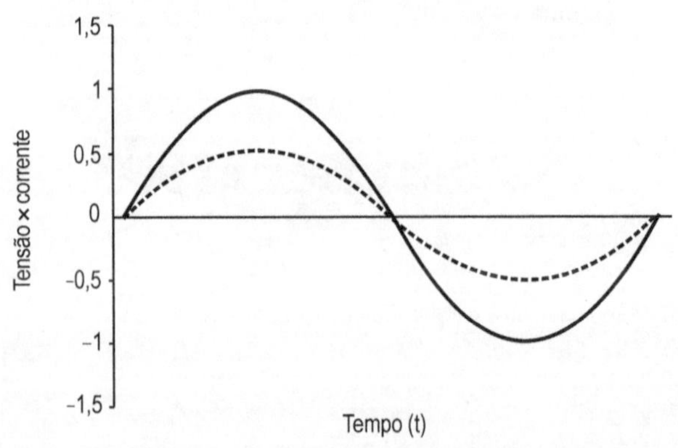

Como os equipamentos eletrônicos não são compostos apenas de resistências ôhmicas, indutâncias e capacitâncias e possuem semicondutores, como diodos e transistores, constituem cargas não lineares. Tomando como exemplo a curva de tensão × corrente de um semicondutor, é possível observar descontinuidades em determinados valores de corrente, como no Gráfico 1.11. As correntes presentes nos semicondutores têm formas de onda muito diferentes da tensão aplicada, o que não ocorre com cargas lineares.

Gráfico 1.11 Tensão × corrente no semicondutor

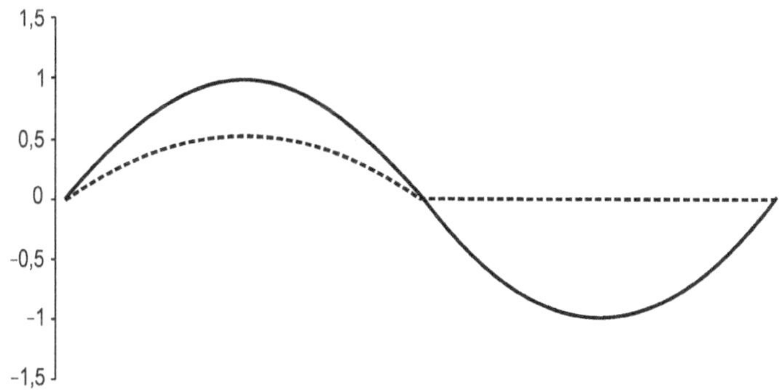

A consequência é a deformação do sinal senoidal entregue à carga, trazendo distúrbios que serão devidamente abordados e esclarecidos neste livro.

É importante salientar que as mesmas cargas eletrônicas que distorcem o sinal da rede elétrica sofrem com a má qualidade da energia e também geram anomalias no funcionamento de outras cargas. Não é difícil constatar, nas instalações dotadas de cargas acionadas por diodos e tiristores, implicações decorrentes do aquecimento indevido em circuitos alimentadores, motores, transformadores, atuação intempestiva de relés e dispositivos de proteção ou deficiências de funcionamento, sem causa aparente.

De um lado, os consumidores, cada vez mais dependentes da energia elétrica, estão naturalmente preocupados com a possibilidade de interrupção do fornecimento. Por outro lado, a questão da qualidade de energia não é evidente para a maioria desses consumidores, constituindo um importante fator no funcionamento das instalações elétricas, mesmo diante da ausência de interrupções. Na maior parte dos casos, tal fato somente é percebido em caso de falhas no funcionamento de alguns equipamentos.

Além das cargas não lineares, outros fatores provocam problemas de QEE em uma instalação elétrica, como descargas atmosféricas, manobras de banco de capacitores, chaveamento de grandes cargas, curto-circuito, entre outros. Esses fatores podem, inclusive, não ocorrer na instalação elétrica em que é identificado o problema de QEE, mas em uma instalação próxima. Como os efeitos se propagam pela rede elétrica, podem afetar outras instalações.

É importante considerar que variações na QEE podem trazer prejuízos, mesmo que não haja transgressões dos limites impostos pelas agências reguladoras.

1.4.1 Complemento teórico

O valor de uma grandeza em "pu" (por unidade) é definido como a relação entre essa grandeza e o valor adotado como sua base. As grandezas presentes nos circuitos elétricos (tensão, corrente, potência e impedância) normalmente são convertidas em valores pu para facilitar a comparação e o entendimento. Assim, basta adotar valores de base para as grandezas envolvidas. No caso da tensão, normalmente é adotado como base o valor nominal da tensão, portanto, 1 pu corresponde ao valor nominal; 0,9 pu e 1,1 pu equivalem à redução e ao acréscimo de 10% da tensão nominal, respectivamente.

1.4.2 Distúrbios da rede elétrica

Na avaliação das condições operativas de um sistema, duas grandezas elétricas básicas (tensão e frequência) podem ser empregadas. A frequência no sistema interligado nacional é de 60 Hz. Com relação à tensão, três características principais devem ser observadas: a forma de onda, que deve ser o mais próximo possível da forma senoidal; a simetria entre o sistema elétrico; e as magnitudes das tensões dentro de limites aceitáveis.

Ocorrem ainda alterações nas grandezas mencionadas, decorrentes de fenômenos, aleatórios ou intrínsecos, que deterioram a qualidade do fornecimento de energia elétrica. Tais fenômenos estão ligados a descargas atmosféricas, curtos-circuitos, chaveamentos de grandes cargas, chaveamento de banco de capacitores ou, ainda, à própria característica das cargas presentes na instalação. O comportamento da forma de onda presente na instalação, comparada com aquela teórica e puramente senoidal, pode apresentar distorções.

A seguir são descritas algumas definições clássicas dos distúrbios mais frequentes.

1.4.2.1 Cintilação ou flicker

O fenômeno de cintilação luminosa, ou efeito flicker, é o resultado das variações do fluxo luminoso de lâmpadas, decorrentes de variações de tensão, o que pode ser constatado visualmente. Provoca fadiga física e psíquica nos usuários do sistema de iluminação alimentado por uma fonte comum à iluminação e uma carga perturbadora, que pode estar conectada a qualquer nível de tensão.

A cintilação resulta principalmente das flutuações rápidas de pequena amplitude de tensão de alimentação, provocadas pela flutuação da potência absorvida por equipamentos, como fornos a arco, máquinas de solda, motores etc., e ainda pelo chaveamento de cargas de elevada potência (partida de motores, manobra de bancos de capacitores em estágios etc.).

As flutuações de tensão são limitadas por normas como a IEC 61000-3-3. Os procedimentos para medição de cintilação luminosa (flicker) são estabelecidos pela IEC 61000-4-15.

1.4.2.2 Cunha de tensão ou notching

Conforme a norma nº 519 do Institute of Electrical and Electronic Engineers (IEEE – em português, Instituto dos Engenheiros Elétricos e Eletrônicos), o termo *notch* pode ser entendido como curtos-circuitos entre fases no processo de disparos dos retificadores. Representa o afundamento abrupto da tensão que ocorre em cada alternância, podendo ou não cair a zero ou mudar de sinal.

A "profundidade" desses notches é proporcional à impedância da fonte de energia. Quanto menor for a potência de curto-circuito no ponto de conexão com o retificador, maiores serão os notches.

Gráfico 1.12 Cunha de tensão ou notching

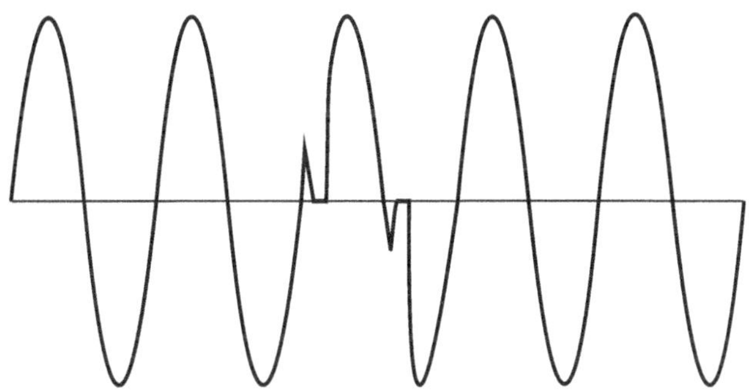

1.4.2.3 Desequilíbrio de tensão

É o distúrbio proveniente da assimetria provocada por cargas monofásicas ligadas ao sistema. Nas redes de baixa tensão, é causado por cargas ligadas entre fase e neutro; nas instalações de média e alta tensão, por cargas entre duas fases, ou entre fase e neutro.

Também podem ocorrer em sistemas que fazem uso de tração elétrica para ferrovias e em sistemas de fundição que utilizam fornos a arco para gerar calor. As maiores implicações estão associadas aos transformadores e motores, com perda da potência mecânica, danos aos mancais do motor, aumento das perdas ôhmicas e, consequentemente, envelhecimento precoce da isolação da máquina.

Gráfico 1.13 Desequilíbrio de tensão

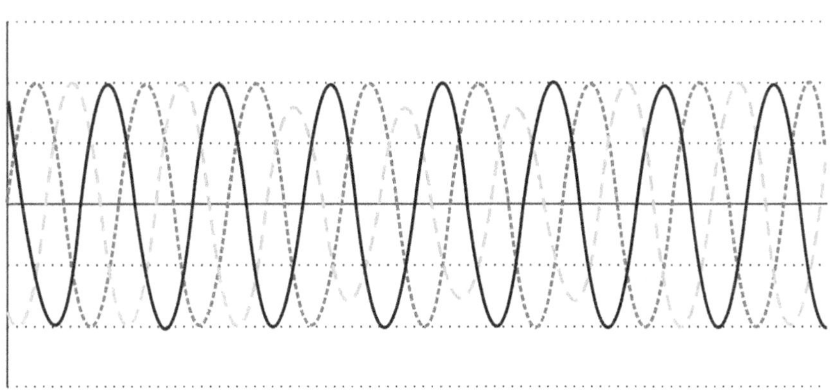

1.4.2.4 Elevação de tensão – swell, spikes e sobretensão

O distúrbio caracterizado pelo aumento da tensão de alimentação acima do limite normal (conforme normas técnicas pertinentes), cuja duração não ultrapasse 2 segundos, é conhecido como swell. Para casos em que a duração ultrapasse 2 segundos, o distúrbio é definido como sobretensão ou overvoltage.

Gráfico 1.14 Elevação de tensão

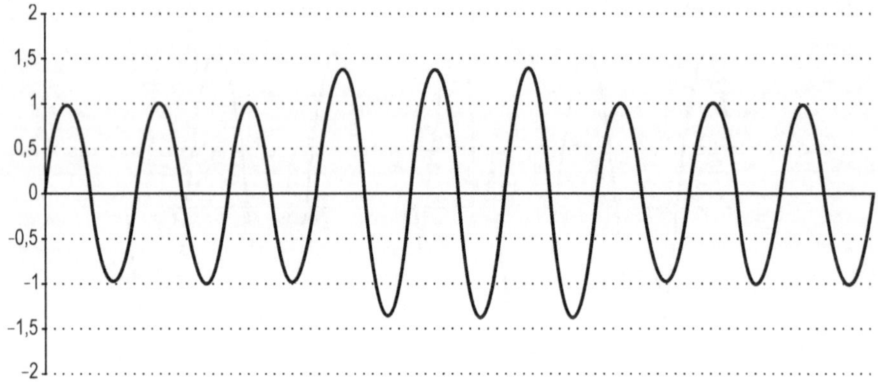

Existem, ainda, os casos em que a elevação do valor da tensão acima do limite ocorre em um período extremamente curto, da ordem de micro ou milissegundos. Esse fenômeno é conhecido como surtos ou spikes.

Gráfico 1.15 Picos de tensão

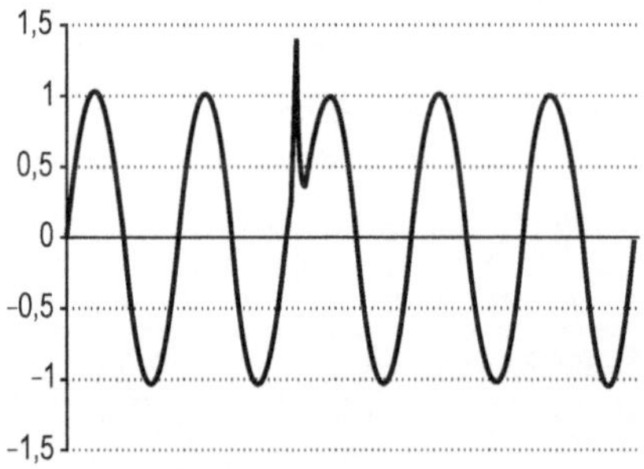

1.4.2.5 Afundamento de tensão – sag e subtensão

O distúrbio caracterizado pela diminuição da tensão de alimentação abaixo do limite mínimo normal (conforme normas técnicas pertinentes), cuja duração não ultrapasse 2 segundos, é conhecido como sag.

Para casos em que a duração do tempo ultrapasse esse tempo, o distúrbio é definido como subtensão.

Gráfico 1.16 Afundamento de tensão

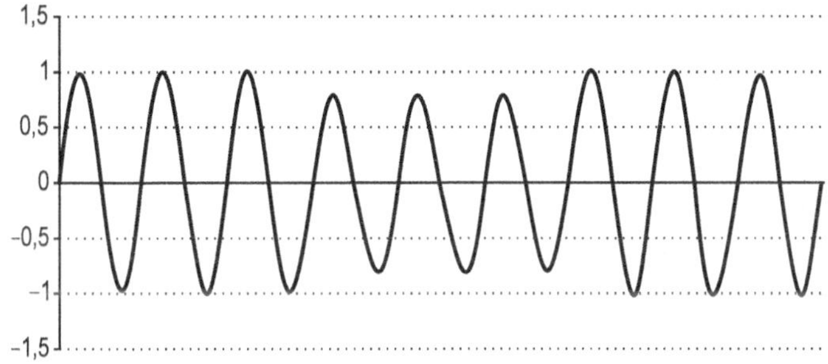

Os afundamentos de tensão são causados por chaveamentos de cargas de grande potência, partidas de motores e curtos-circuitos em qualquer ponto de fornecimento de energia.

Os sistemas elétricos devem ser dotados de dispositivos de proteção com a finalidade de desconectar o ponto de curto-circuito da fonte de energia. Dessa forma, após a abertura da proteção, ocorre a recuperação imediata dos valores de tensão.

A redução repentina da tensão de fornecimento, seguida por sua recuperação tal como descrito, representa o distúrbio conhecido como afundamento de tensão. Quando a causa é a ocorrência de curto-circuito, geralmente verifica-se o afundamento de tensão durante o tempo de permanência do defeito, ou seja, desde o instante inicial até sua completa eliminação.

O chaveamento de elevadas potências pode causar grandes variações de corrente, com resultados semelhantes a correntes de curto-circuito. Os chaveamentos geralmente impõem consequências menos severas nos pontos em que ocorrem.

Como resultado dos afundamentos de tensão, podem ser observados:

- perda da programação de microprocessadores em CLPs;
- atuação indevida de relés de subtensão;
- desligamento de lâmpadas de descarga;
- redução do conjugado nos motores;
- abertura das bobinas de contatores e relés auxiliares.

Embora haja entendimento de que o afundamento de tensão é uma redução do valor eficaz da tensão por um período de curta duração, seguido de sua restauração, há divergências nas normas quanto à metodologia para sua quantificação. Conforme as referências a seguir, "afundamento de tensão" tem as seguintes definições:

- **Segundo o IEEE:** a norma IEEE Std 1159-2019 define afundamento de tensão como "um decréscimo entre 0,1 e 0,9 pu do valor eficaz da tensão nominal, com duração entre 0,5 ciclo e 1 minuto". Segundo essa norma, um afundamento de tensão com intensidade menor do que 0,1 pu é considerado interrupção.

- **Segundo a IEC:** a norma IEC 61000-3-3 define afundamento de tensão como "uma redução súbita da tensão de um ponto do sistema elétrico, seguido de seu restabelecimento após um curto período de tempo, de 0,5 ciclo a uns poucos segundos".
- **Segundo o Operador Nacional do Sistema (ONS):** no Brasil, nos procedimentos de rede elaborados pelo ONS, submódulo 2.8 – Gerenciamento dos indicadores de qualidade da energia elétrica da Rede Básica, dentre os indicadores de avaliação da qualidade da energia elétrica, definem-se as "Variações de Tensão de Curta Duração" (VTCD), englobando os fenômenos de interrupção, afundamento e elevação de tensão. De acordo com esses procedimentos, entende-se que VTCD "é um evento aleatório de tensão caracterizado por desvio significativo, por curto intervalo de tempo, do valor eficaz da tensão".
- **Segundo a Aneel:** afundamento momentâneo de tensão é o "evento em que o valor eficaz da tensão do sistema se reduz, momentaneamente, para valores abaixo de 90% da tensão nominal de operação, durante intervalo inferior a 3 segundos".

O interesse no estudo desse fenômeno reside principalmente nos problemas que pode causar nos equipamentos instalados no parque industrial, como CLP, lâmpadas de descarga, contatores, balanças eletrônicas, impressoras industriais, disjuntores etc., que são cargas bastante sensíveis a essas variações de tensão.

1.4.2.6 Harmônicos

A utilização clássica da energia elétrica reside na alimentação de cargas para desempenhar um trabalho, seja no processo produtivo, seja no lazer, conforto etc. Com a recente preocupação do uso racional de energia elétrica, visando evitar o desperdício, vários equipamentos atualmente empregam acionamentos eletrônicos.

Tais acionamentos, constituídos por cargas não lineares, distorcem o sinal senoidal da tensão e corrente presentes na instalação elétrica.

Gráfico 1.17 Representação do produto V × I em uma carga com acionamento eletrônico

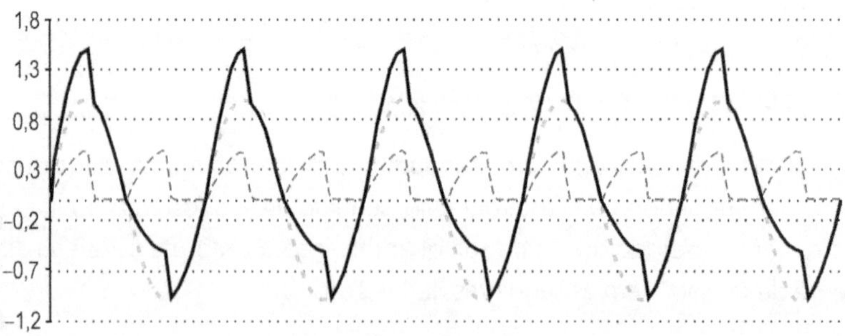

O Gráfico 1.18 apresenta as curvas de tensão e corrente presentes na instalação elétrica de acionamento de carga com característica não linear (em que a corrente não é linearmente proporcional à tensão aplicada).

A corrente elétrica que circula pela carga retorna à rede, distorcendo o sinal original com característica senoidal.

É conveniente lembrar que, diferentemente dos transientes de corrente e tensão, a distorção provocada pela harmônica está presente de maneira contínua na instalação.

Para facilitar o entendimento e a análise matemática, emprega-se a teoria de Fourier, na qual qualquer sinal distorcido pode ser decomposto na somatória da forma de onda da frequência fundamental, acrescida dos sinais senoidais de ordem n, conforme Gráfico 1.18.

Gráfico 1.18 Representação da frequência fundamental (60 Hz) e seus múltiplos

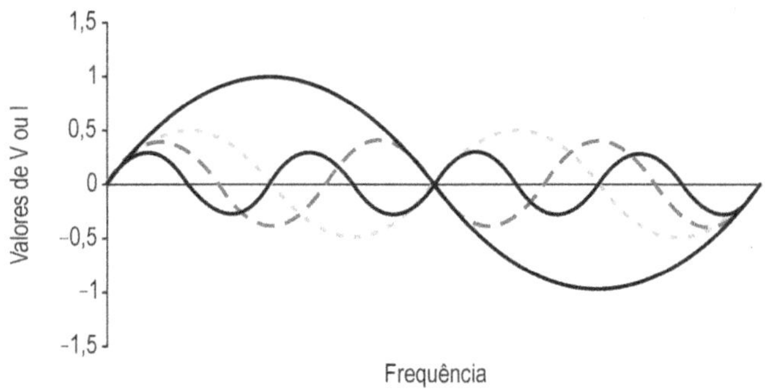

Dessa forma, é permitido afirmar que na instalação estão presentes sinais senoidais de frequência múltipla da fundamental. Portanto, fica fácil entender que a presença dessas frequências (120, 180, 240 Hz etc.) influencia no comportamento da instalação. Basta lembrar que a impedância indutiva é dada por:

$$Z_L = 2 \pi f L \qquad \text{(Equação 1.1)}$$

em que:

f: é a frequência do sinal da rede;

L: representa a indutância do circuito em henry.

Logo, a impedância do circuito é afetada pela existência de variadas frequências presentes na instalação.

Os principais distúrbios provocados pela presença de harmônicos na instalação elétrica são:

- sobrecarga dos condutores neutros devido à presença de harmônicas de 3ª ordem, que se somam algebricamente no neutro;
- sobreaquecimento e/ou falha de transformadores;
- falha ou operação indevida de disjuntores;
- sobrecarga, envelhecimento e queima de capacitores e fusíveis da compensação reativa;
- mau funcionamento dos relés de proteção e outros meios de controle;
- perdas adicionais nos capacitores, motores e instalação elétrica;

- sobrecarga, aquecimento excessivo e/ou falha em motores;
- perturbação das redes de comunicação e linhas telefônicas.

A distorção harmônica mede a perturbação do sinal na saída, após ele passar por todo o equipamento, em relação ao sinal aplicado na entrada do aparelho. A distorção do sinal é gerada pelo acréscimo de frequências múltiplas do sinal fundamental, que surgem devido a não linearidade de alguns componentes presentes no circuito.

A distorção harmônica total de tensão (THD_V) é calculada pela equação:

$$THD_V = \frac{\sqrt{\sum_{h=2}^{n} V_h^2}}{V_1} \quad \text{(Equação 1.2)}$$

em que:

V_h: distorção de tensão de ordem n;

V_1: tensão fundamental.

Os *Procedimentos de Distribuição de Energia Elétrica no Sistema Elétrico Nacional (Prodist)* da Aneel – *Módulo 8 – Qualidade de Energia Elétrica* apresentam os valores limites globais para a distorção harmônica, reproduzidos na Tabela 1.2.

Tabela 1.2 Limite das distorções harmônicas totais conforme Módulo 8 do Prodist em percentual da tensão fundamental

Indicador	Tensão nominal		
	Vn ≤ 1,0 kV	1,0 kV < Vn < 69 kV	69 kV ≤ Vn < 230kV
DTT95%	10,0%	8,0%	5,0%
DTTP95%	2,5%	2,0%	1,0%
DTTI95%	7,5%	6,0%	4,0%
DTT395%	6,5%	5,0%	3,0%

Legenda:

DTT95%: valor do indicador de distorção harmônica total de tensão, que foi superado em apenas 5 % das 1008 leituras válidas.

DTTp95%: valor do indicador de distorção harmônica total de tensão, para as componentes pares não múltiplas de 3, que foi superado em apenas 5 % das 1008 leituras válidas.

DTTi95%: valor do indicador de distorção harmônica total de tensão, para as componentes ímpares não múltiplas de 3, que foi superado em apenas 5 % das 1008 leituras válidas.

DTT395%: valor do indicador de distorção harmônica total de tensão, para as componentes múltiplas de 3, que foi superado em apenas 5 % das 1008 leituras válidas.

1.4.3 Índices de qualidade

Como mencionado anteriormente, as situações decorrentes dos distúrbios em sistemas de potência são comuns e, na prática, podem ser ocasionadas por descargas atmosféricas, correntes de magnetização de transformadores, faltas sustentadas, correntes de partida de grandes motores ou pelos efeitos de chaveamentos de capacitores em linhas de transmissão, entre outros.

Esses distúrbios podem provocar inúmeras interferências indesejáveis, como acionamento indevido de relés, mau funcionamento de equipamentos sensíveis e distorções em equipamentos de medição, podendo chegar até mesmo à interrupção do fornecimento de energia.

Na avaliação da qualidade de energia, podemos considerar a qualidade do produto e a qualidade do serviço. A qualidade do produto diz respeito à conformidade do produto energia elétrica, que pode ser interpretada como a capacidade de o sistema elétrico fornecer energia com tensões equilibradas e sem deformações de forma de onda. Do ponto de vista ideal, seria a disponibilidade de energia elétrica com tensões senoidais, equilibradas e com amplitude e frequência constantes, sem os problemas apontados no item 1.4.2. Já a qualidade do serviço é medida segundo a continuidade do fornecimento da energia elétrica. Assim, do ponto de vista ideal, ela deveria oferecer continuidade plena e oferta ilimitada de energia elétrica.

1.4.3.1 Indicadores de Qualidade do Produto

O Módulo 8 do Procedimento de Distribuição (Prodist) determina os seguintes parâmetros de qualidade do produto:

- tensão em regime permanente;
- fator de potência;
- harmônicos;
- desequilíbrio de tensão;
- flutuação de tensão;
- variação de tensão de curta duração;
- variação de frequência.

Dentre esses parâmetros, somente a tensão em regime permanente e o fator de potência estão regulamentados pela Aneel. Os demais estão definidos no Prodist como formas de avaliação, bem como a definição de limites desejáveis. Contudo, não há previsão de obrigatoriedade de seu cumprimento e, também, não está estabelecido nenhum tipo de penalidade em caso de violação.

Os aspectos relacionados à qualidade do parâmetro fator de potência são abordados em detalhes no Capítulo 3 deste livro.

Os limites de variação de tensão em regime permanente admissível estão regulamentados pelo Módulo 8 do Prodist. A seguir, está reproduzida a tabela que define os limites admissíveis de variação de tensão para o fornecimento a unidades consumidoras conectadas entre 1 kV e 69 kV.

Tabela 1.3 Limites de variação de tensão para tensão de fornecimento entre 1 kV e 69 kV

Classificação da Tensão de Atendimento (TA)	Faixa de variação da Tensão de Leitura (TL) em relação à Tensão de Referência (TR)
Adequada	0,93 TC ≤ TL ≤ 1,05 TC
Precária	0,90 TC ≤ TL < 0,93 TC
Crítica	TL < 0,90 TC ou TL > 1,05 TC

Fonte: Módulo 8 do Prodist da Aneel.

O Anexo C, deste livro, apresenta os limites admissíveis de variação de tensão para o fornecimento de energia elétrica associados a outros níveis de tensão.

Os limites de variação de tensão considerados adequados para fornecimento entre 1 kV e 69 kV são de até 7% para menos e até 5% para mais. Valores medidos que extrapolem tais limites são considerados precários ou críticos e precisam ser adequados pelas distribuidoras.

Qualquer consumidor pode solicitar uma medição do seu nível de tensão. Caso os valores medidos estejam dentro do limite considerado adequado, a distribuidora deve cobrar esse serviço do consumidor, porém, se os valores medidos se enquadrarem nos limites considerados críticos ou precários, a cobrança da medição não é feita e a distribuidora deve providenciar as correções necessárias em seu sistema de distribuição.

De acordo com o Módulo 8, quando o consumidor solicitar a medição da sua tensão de fornecimento, a distribuidora deve instalar um medidor capaz de realizar essas medições, devendo colher 1.008 leituras com o intervalo de 10 minutos entre cada uma. Essa quantidade de leituras corresponde a exatamente sete dias de medição. Se mais de 3% das leituras se enquadrar no limite precário ou 0,5% das leituras ultrapassar o limite crítico, a distribuidora de energia elétrica deverá regularizar as condições de fornecimento dentro dos limites estabelecidos. Até que seja feita a regularização, a partir da violação constatada dos limites, o consumidor de energia elétrica tem direito a ter uma compensação financeira em sua fatura, proporcional ao quanto está sendo ultrapassado dos limites de tensão.

1.4.3.2 Indicadores de qualidade do serviço

Os critérios e os limites referentes à qualidade do serviço de fornecimento de energia elétrica são definidos pela Aneel, por meio do Módulo 8 dos Procedimentos de Distribuição de Energia Elétrica no Sistema Elétrico Nacional (Prodist), conforme reproduzido a seguir:

- **DEC (Duração Equivalente de Interrupção por Unidade Consumidora):** expressa em horas e centésimos de hora.
- **FEC (Frequência Equivalente de Interrupção por Unidade Consumidora):** expressa em número de interrupções e centésimos do número de interrupções.
- **DIC (Duração de Interrupção Individual por Unidade Consumidora ou ponto de conexão):** expressa em horas e centésimos de hora.
- **FIC (Frequência de Interrupção Individual por Unidade Consumidora ou ponto de conexão considerado):** expressa em número de interrupções.
- **DMIC (Duração Máxima de Interrupção Contínua por Unidade Consumidora ou ponto de conexão considerado):** expressa em horas e centésimos de hora.
- **DICRI (Duração de Interrupção Individual ocorrida em Dia Crítico por Unidade Consumidora ou ponto de conexão considerado):** expressa em horas e centésimos de hora.

Esses valores apurados e suas respectivas metas também são publicados mensalmente na fatura de energia elétrica do consumidor; no entanto, esses índices retratam somente o intervalo de tempo em que o sistema permanece desligado e a frequência de tais desligamentos. Não detectam alterações nas formas de onda e no valor da frequência do sinal elétrico, causadas por ruídos, distorções harmônicas, condições de falta e chaveamento de capacitores que podem causar problemas operacionais em equipamentos.

ATIVIDADES

1. Quais são as duas principais funções da Agência Nacional de Energia Elétrica (Aneel)?
2. Quais são as principais atribuições do Operador Nacional do Sistema Elétrico (ONS)?
3. Qual é o objetivo do selo Procel?
4. Identifique a seguir os setores do sistema elétrico brasileiro que fazem parte dos ambientes livre e regulado.

<table>
<tr><th>Tipo de empresa</th><th>Ambiente de contratação</th></tr>
<tr><td></td><td rowspan="2">Livre</td></tr>
<tr><td></td></tr>
<tr><td></td><td rowspan="2">Regulado</td></tr>
<tr><td></td></tr>
</table>

5. Dentre os setores industrial, comercial e residencial, qual representa a maior parcela do consumo de energia elétrica no Brasil?
6. Quais parâmetros de qualidade do produto são apresentados no Módulo 8 do Procedimento de Distribuição (Prodist), da Aneel?
7. Quais parâmetros de qualidade do serviço são apresentados no Módulo 8 Prodist, da Aneel?

CAPÍTULO 2

Ações Administrativas de Gerenciamento

Este capítulo trata das estruturas e das modalidades tarifárias, bem como das diversas opções de contratação de energia elétrica, buscando obter a melhor relação custo-benefício aplicada ao assunto da tarifação.

As informações permitem conhecer melhor os diversos fatores que influenciam o valor da fatura de energia elétrica e as alternativas para reduzir o custo.

2.1 Resolução Normativa nº 414/2010[1]

> Estabelece as condições gerais de fornecimento de energia elétrica de forma atualizada e consolidada.

As empresas distribuidoras de energia elétrica prestam o serviço de fornecimento de energia elétrica por delegação da União na sua área de concessão, ou seja, na área em que lhes foi dada autorização para prestar o serviço público de distribuição.

A Resolução Normativa nº 414, da Aneel, vigora desde 9 de setembro de 2010 e substituiu a Resolução Normativa nº 456, de 2000. Ela estabelece direitos e deveres dos consumidores e das distribuidoras de energia elétrica, e apresenta a definição de todos os termos e parâmetros envolvidos nas faturas de energia, as modalidades de faturamento, a divisão dos consumidores em classes e faixas em função da tensão de fornecimento, instruções para a solicitação de novas ligações, instruções para levantamento dos dados e emissão das faturas de energia, entre outros.

1 Disponível em: <http://www2.aneel.gov.br/cedoc/bren2010414.pdf>. Acesso em: 5 mar. 2020.

A seguir estão reproduzidos todos os capítulos existentes na Resolução Normativa nº 414:

- Capítulo I – Das definições
- Capítulo II – Da unidade consumidora
- Capítulo III – Do fornecimento
- Capítulo IV – Das modalidades tarifárias
- Capítulo V – Dos contratos
- Capítulo VI – Da medição para faturamento
- Capítulo VII – Da leitura
- Capítulo VIII – Da cobrança e do pagamento
- Capítulo IX – Da fatura
- Capítulo X – Do inadimplemento
- Capítulo XI – Dos procedimentos irregulares
- Capítulo XII – Das responsabilidades da distribuidora
- Capítulo XIII – Das responsabilidades do consumidor
- Capítulo XIV – Da suspensão do fornecimento
- Capítulo XV – Do atendimento ao público
- Capítulo XVI – Do ressarcimento de danos elétricos
- Capítulo XVII – Das disposições gerais

2.1.1 Definições

A Resolução Normativa nº 414 apresenta definições importantes de serem conhecidas para melhor entendimento de suas regras. A seguir encontram-se algumas delas:

> [...]
>
> Art. 2º Para os fins e efeitos desta Resolução, são adotadas as seguintes definições:
>
> [...]
>
> XXI – Demanda contratada: demanda de potência ativa a ser obrigatória e continuamente disponibilizada pela distribuidora, no ponto de entrega, conforme valor e período de vigência fixados no contrato, e que deve ser integralmente paga, seja ou não utilizada durante o período de faturamento, expressa em quilowatts (kW).
>
> XXII – Demanda faturável: valor da demanda de potência ativa, considerada para fins de faturamento, com aplicação da respectiva tarifa, expressa em quilowatts (kW).
>
> XXIII – demanda medida: maior demanda de potência ativa, verificada por medição, integralizada no intervalo de 15 (quinze) minutos durante o período de faturamento.
>
> [...]

Art. 104

§ 1º Para a demanda faturável um único valor, correspondente ao maior valor dentre os definidos a seguir:

- demanda contratada ou demanda medida, exceto para unidade consumidora da classe rural ou reconhecida como sazonal; ou
- demanda medida no ciclo de faturamento ou 10% (dez por cento) da maior demanda medida em qualquer dos 11 (onze) ciclos completos de faturamento anteriores, no caso de unidade consumidora incluída na tarifa, da classe rural ou reconhecida comosazonal.

[...]

- **Grupos e subgrupos:** classificação dos consumidores de energia elétrica de acordo com tensão de fornecimento, característica do sistema de distribuição e classificação da unidade consumidora.

[...]

Art. 2º Para os fins e efeitos desta Resolução, são adotadas as seguintes definições:

[...]

XXXVII – grupo A: grupamento composto de unidades consumidoras com fornecimento em tensão igual ou superior a 2,3 kV, ou atendidas a partir de sistema subterrâneo de distribuição em tensão secundária, caracterizado pela tarifa binômia e subdividido nos seguintes subgrupos:

a) subgrupo A1: tensão de fornecimento igual ou superior a 230 kV;
b) subgrupo A2: tensão de fornecimento de 88 kV a 138 kV;
c) subgrupo A3: tensão de fornecimento de 69 kV;
d) subgrupo A3a: tensão de fornecimento de 30 kV a 44 kV;
e) subgrupo A4: tensão de fornecimento de 2,3 kV a 25 kV; e
f) subgrupo AS: tensão de fornecimento inferior a 2,3 kV, a partir de sistema subterrâneo de distribuição.

XXXVIII – Grupo B: grupamento composto de unidades consumidoras com fornecimento em tensão inferior a 2,3 kV, caracterizado pela tarifa monômia e subdividido nos seguintes subgrupos:

a) subgrupo B1: residencial;
b) subgrupo B2: rural;
c) subgrupo B3: demais classes; e
d) subgrupo B4: iluminação pública.

[...]

L – modalidade tarifária: conjunto de tarifas aplicáveis às componentes de consumo de energia elétrica e demanda de potência ativas, considerando as seguintes modalidades:

a) modalidade tarifária convencional monômia: aplicada às unidades consumidoras do grupo B, caracterizada por tarifas de consumo de energia elétrica, independentemente das horas de utilização do dia;

b) modalidade tarifária horária branca: aplicada às unidades consumidoras do grupo B, exceto para o subgrupo B4 e para as subclasses Baixa Renda do subgrupo B1, caracterizada por tarifas diferenciadas de consumo de energia elétrica, de acordo com as horas de utilização do dia;

c) modalidade tarifária convencional binômia: aplicada às unidades consumidoras do grupo A caracterizada por tarifas de consumo de energia elétrica e demanda de potência, independentemente das horas de utilização do dia;

d) modalidade tarifária horária verde: aplicada às unidades consumidoras do grupo A, caracterizada por tarifas diferenciadas de consumo de energia elétrica, de acordo com as horas de utilização do dia, assim como de uma única tarifa de demanda de potência;

e) modalidade tarifária horária azul: aplicada às unidades consumidoras do grupo A, caracterizada por tarifas diferenciadas de consumo de energia elétrica e de demanda de potência, de acordo com as horas de utilização do dia.

[...]

LXXXII – Tensão primária de distribuição: tensão disponibilizada no sistema elétrico da distribuidora, com valores padronizados iguais ou superiores a 2,3 kV.

LXXXIII – Tensão secundária de distribuição: tensão disponibilizada no sistema elétrico da distribuidora, com valores padronizados inferiores a 2,3 kV.

LXXXV – Unidade consumidora: conjunto composto por instalações, ramal de entrada, equipamentos elétricos, condutores e acessórios, incluída a subestação, quando do fornecimento em tensão primária, caracterizado pelo recebimento de energia elétrica em apenas um ponto de entrega, com medição individualizada, correspondente a um único consumidor e localizado em uma mesma propriedade ou em propriedades contíguas.

[...]

- **Contrato de adesão:** conforme modelo constante do Anexo IV da Resolução Normativa nº 414, é destinado a formalizar as relações entre a distribuidora e o responsável por unidade consumidora do grupo B. Deve ser encaminhado ao consumidor até a data de apresentação da primeira fatura subsequente à solicitação de fornecimento.

[...]

Art. 64A

Parágrafo único. Quando se tratar de fornecimento de energia elétrica por prazo inferior a 30 (trinta) dias, o contrato de adesão deve ser entregue no momento da solicitação do fornecimento.

[...]

2.1.2 Classes e subclasses de consumo

Para efeito de aplicação das tarifas de energia elétrica, os consumidores são identificados por classes e subclasses de consumo. São elas:

- **Residencial:** na qual se enquadram também os consumidores residenciais de baixa renda, cuja tarifa é estabelecida de acordo com critérios específicos.
- **Industrial:** enquadram-se as unidades consumidoras em que sejam desenvolvidas atividades industriais, conforme definido na Classificação Nacional de Atividades Econômicas (CNAE), assim como o transporte de matéria-prima, insumo ou produto resultante do seu processamento, caracterizado como atividade de suporte e sem fim econômico próprio, desde que realizado de maneira integrada fisicamente à unidade consumidora industrial.
- **Comercial, serviços e outras atividades:** enquadram-se as unidades consumidoras em que sejam desenvolvidas atividades de prestação de serviços e demais não previstas nas outras classes.
- **Rural:** enquadram-se as atividades de agropecuária, cooperativa de eletrificação rural, indústria rural, aquicultura e serviço público de irrigação rural.
- **Poder Público:** enquadram-se as unidades consumidoras de responsabilidade de consumidor, que seja pessoa jurídica de direito público, independentemente da atividade desenvolvida.
- **Iluminação pública:** enquadram-se as unidades consumidoras destinadas exclusivamente à prestação do serviço público de iluminação pública, de responsabilidade do Poder Público municipal ou distrital, ou ainda daquele que receba essa delegação, com o objetivo de iluminar.
- **Serviço público:** enquadram-se as unidades consumidoras que se destinem, exclusivamente, ao fornecimento para motores, máquinas e cargas essenciais à operação de serviços públicos de água, esgoto, saneamento e tração elétrica urbana ou ferroviária, explorados diretamente pelo Poder Público ou mediante concessão ou autorização.
- **Consumo próprio:** refere-se ao fornecimento destinado ao consumo de energia elétrica da própria empresa de distribuição.

> [...]
>
> Art. 53-C Na classe residencial enquadram-se as unidades consumidoras com fim residencial, com exceção dos casos previstos no inciso III do art. 53-J, considerando-se as seguintes subclasses:
>
> I – residencial;
>
> II – residencial baixa renda, conforme disposições legais e regulamentares vigentes;
>
> III – residencial baixa renda indígena;
>
> IV – residencial baixa renda quilombola;
>
> V – residencial baixa renda benefício de prestação continuada da assistência social (BPC);

> VI – residencial baixa renda multifamiliar.
>
> [...]
>
> Art. 53-H Na classe comercial, serviços e outras atividades enquadram-se as unidades consumidoras onde sejam desenvolvidas as atividades de prestação de serviços e demais não previstas nas demais classes, dividindo-se nas seguintes subclasses:
>
> I – comercial;
>
> II – serviços de transporte, exceto tração elétrica;
>
> III – serviços de comunicações e telecomunicações;
>
> IV – associação e entidades filantrópicas;
>
> V – templos religiosos;
>
> VI – administração condominial: iluminação e instalações de uso comum de prédio ou conjunto de edificações;
>
> VII – iluminação em vias: solicitada por quem detenha concessão ou autorização para administração de vias de titularidade da União ou dos Estados;
>
> VIII – semáforos, radares e câmeras de monitoramento de trânsito, solicitados por quem detenha concessão ou autorização para controle de trânsito; e
>
> IX – outros serviços e outras atividades.
>
> A classe poder público, independentemente da atividade a ser desenvolvida, caracteriza-se pelo fornecimento à unidade consumidora solicitado por pessoa jurídica de direito público, considerando-se as seguintes subclasses:
>
> I – poder público federal;
>
> II – poder público estadual ou distrital; e
>
> III – poder público municipal.
>
> [...]

A classe iluminação pública, de responsabilidade de pessoa jurídica de direito público ou por esta delegada mediante concessão ou autorização, caracteriza-se pelo fornecimento para iluminação de ruas, praças, avenidas, túneis, passagens subterrâneas, jardins, vias, estradas, passarelas, abrigos de usuários de transportes coletivos, logradouros de uso comum e livre acesso, inclusive a iluminação de monumentos, fachadas, fontes luminosas e obras de arte de valor histórico, cultural ou ambiental, localizadas em áreas públicas e definidas por meio de legislação específica, exceto o fornecimento de energia elétrica que tenha por objetivo qualquer forma de propaganda ou publicidade, ou para realização de atividades que visem a interesses econômicos.

2.1.3 Estrutura tarifária

Define-se estrutura tarifária como o conjunto de tarifas aplicáveis aos componentes de consumo de energia elétrica e/ou demanda de potência, de acordo com a modalidade de fornecimento.

A tarifa é um custo fixado para a prestação de um serviço por determinada unidade. Na relação entre concessionárias e consumidores, a tarifa representa o preço em reais da energia elétrica e da demanda utilizada pelos consumidores.

Tanto o valor da tarifa como as regras de cobrança entre os consumidores dos grupos A e B são diferenciados.

A fatura de energia apresenta, devidamente separados, os valores correspondentes pelo uso do sistema elétrico e pelo que é efetivamente consumido. Assim, nas faturas de energia figuram a Tarifa de Uso do Sistema de Distribuição (TUSD) e a Tarifa de Energia (TE). A TUSD corresponde à remuneração de todas as instalações, equipamentos e componentes da rede de distribuição utilizados para levar a energia até o consumidor. A TE, por sua vez, corresponde à parcela que recupera os custos pela compra de energia elétrica para revenda ao consumidor, incluindo os custos com energia comprada de Itaipu e os encargos.

A seguir são apresentadas as principais características das estruturas tarifárias.

2.1.3.1 Estrutura tarifária para consumidores do grupo A

As tarifas do grupo A são aplicadas a consumidores atendidos em tensão superior a 2,3 kV, ou ainda atendidos em tensão inferior a 2,3 kV a partir de sistema subterrâneo de distribuição. Recebem denominações com letras e algarismos indicativos da tensão de fornecimento, sendo eles A1, A2, A3, A3a, A4 e AS, conforme apresentado anteriormente.

Uma característica importante do sistema de tarifação aplicado ao grupo A refere-se à aplicação da tarifa binômia, que implica a cobrança não somente da energia elétrica, mas também da demanda.

A energia é cobrada pelo valor efetivamente consumido, porém a demanda possui uma regra de cobrança diferenciada. O consumidor deve contratar um valor de demanda, que será sua referência para cobrança. A distribuidora de energia deve ser capaz de fornecer essa demanda a qualquer horário, e o consumidor paga por essa disponibilidade.

O medidor de energia elétrica faz uma média da demanda requerida da rede a cada intervalo de 15 minutos, portanto, a cada hora são quatro valores médios registrados; ao longo do dia, são 96 valores médios; e dentro de um mês de 30 dias, são 2.880 médias.

Para a conta de energia, o maior valor médio registrado dentro de período de faturamento será o valor utilizado para cobrança da demanda, mesmo que ele tenha ocorrido uma única vez (média de 15 minutos) dentro do período de faturamento.[2]

De acordo com a Resolução Normativa nº 414, caso a demanda máxima registrada no período de faturamento seja inferior à demanda contratada, será faturada a demanda contratada multiplicada pela tarifa, porém, caso a demanda registrada seja superior à demanda contratada, será faturado o valor registrado multiplicado pela tarifa, desde que não

2 O período de faturamento consiste em um intervalo de tempo aproximado de 30 dias, podendo variar de um intervalo mínimo de 27 dias e máximo de 33 dias.

ultrapasse o limite de 5% para fornecimento abaixo de 69 kV e 5% para fornecimento igual ou superior a 69 kV.

EXEMPLO

- Demanda contratada: 100 kW.
- Demanda máxima registrada: 90 kW.
- Fatura de energia elétrica: 100 kW × tarifa.
- Demanda contratada: 100 kW.
- Demanda máxima registrada: 104 kW.
- Fatura de energia elétrica: 104 kW × tarifa.

No caso de ultrapassagem do limite estabelecido (5%), o valor faturado será a demanda registrada multiplicada pela tarifa, somado ao valor ultrapassado, multiplicado pela tarifa de ultrapassagem.

De acordo com a Resolução Normativa nº 414, caso a demanda máxima registrada no período de faturamento seja inferior à demanda contratada, será faturada a demanda contratada multiplicada pela tarifa. No caso da demanda registrada superior à demanda contratada, será faturado o valor registrado multiplicado pela tarifa, desde que não tenha sido ultrapassado o limite de 5%. Para os casos em que a demanda medida é superior a 1,05 vez a demanda contratada, aplica-se a Equação 2.1:

$$D_{ULTRAPASSAGEM}(p) = [PAM(p) - PAC(p)] \times 2 \times VR_{DULT}(p) \qquad \text{(Equação 2.1)}$$

em que:

$D_{ULTRAPASSAGEM}(p)$: valor correspondente à demanda de potência ativa ou MUSD excedente, por posto horário "p", quando cabível, em reais (R$).

PAM(p): demanda de potência ativa ou MUSD medidos, em cada posto horário "p" no período de faturamento, quando cabível, em quilowatt (kW).

PAC(p): demanda de potência ativa ou MUSD contratados, por posto horário "p" no período de faturamento, quando cabível, em quilowatt (kW).

$VR_{DULT}(p)$: valor de referência equivalente às tarifas de demanda de potência aplicáveis aos subgrupos do grupo A ou às TUSD – Consumidores Livres.

p: indica posto horário, ponta ou fora de ponta.

EXEMPLO

- Demanda contratada: 100 kW.
- Demanda máxima registrada: 120 kW.
- Fatura de energia elétrica: (120 kW × tarifa) + (20 kW × 2 × tarifa).

Vale destacar que a tarifa de ultrapassagem corresponde ao dobro da tarifa normal, portanto, a ultrapassagem da demanda contratada, acima do percentual de tolerância, pode ser entendida como uma multa, devido ao elevado valor da tarifa de ultrapassagem.

A Resolução Normativa nº 414 estabelece um período de teste nos três primeiros meses de faturamento para novas instalações, ou quando a demanda contratada é acrescida em mais de 5%, ou ainda, quando a unidade consumidora passa a adotar a tarifa horossazonal azul. Em novas instalações, os três primeiros meses de faturamento são considerados como período de teste. A demanda faturada será a demanda medida e o fator de potência faturado será calculado considerando o médio, sem a aplicação das regras indicadas anteriormente. Esse período é concedido para que o consumidor possa adequar a demanda e o fator de potência à sua necessidade.

Durante o período de testes, o consumidor pode solicitar a modificação do valor da demanda contratada sem a necessidade de cumprir nenhuma carência de tempo.

Após o período de teste, caso o consumidor identifique que o valor de demanda contratada esteja elevado em relação à sua necessidade, pode solicitar uma redução; entretanto, ela somente é efetivada após decorrido o período de carência de 90 dias para os consumidores do subgrupo A4 e após 180 dias para os demais subgrupos. O acréscimo do valor de demanda contratada pode ser atendido de imediato, desde que haja disponibilidade na rede de distribuição.

O consumidor do grupo A obrigatoriamente possui o fator de potência medido de forma permanente e apurado pela média dos registros de cada hora. Esses valores médios são comparados com o fator de potência de referência, que é de 0,92.

A Resolução Normativa nº 414 determina que, no intervalo compreendido entre 23h30 e 6h30, a distribuidora defina 6h em que o fator de potência limite é de 0,92 capacitivo e nas 18h complementares, o fator de potência limite é de 0,92 indutivo.

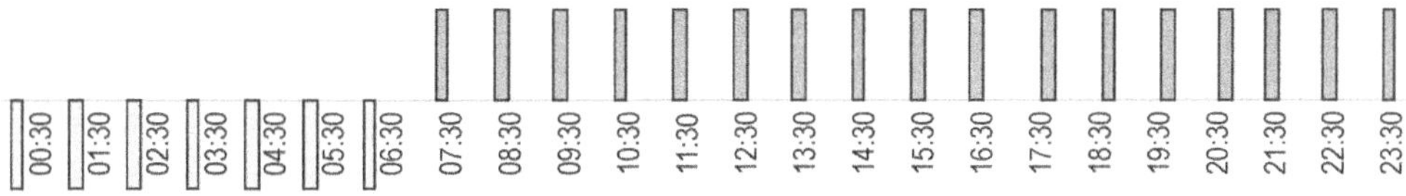

Figura 2.1 Horário fora de ponta capacitivo, horário de ponta e fora de ponta indutivo.

A forma de cálculo da cobrança do fator de potência determina que em cada hora em que houver ultrapassagem do valor de referência será efetuada uma cobrança proporcional à ultrapassagem.

As tarifas do grupo A são constituídas por duas modalidades de fornecimento: horossazonal azul e horossazonal verde. Essa convenção de cores serve apenas para facilitar a referência.

2.1.3.2 Estrutura tarifária horossazonal

Na estrutura tarifária horossazonal, aplicam-se tarifas diferenciadas de consumo de energia elétrica e de demanda de potência, de acordo com as horas de utilização do dia e dos períodos do ano.

O objetivo dessa estrutura tarifária é racionalizar o consumo de energia elétrica ao longo do dia e do ano, motivando o consumidor, pelos valores diferenciados das tarifas, a consumir mais energia elétrica nos horários do dia e nos períodos do ano em que ela for mais barata. Para isso foram criados três postos tarifários diferentes, intitulados ponta, intermediário e fora de ponta.

- **Horário de ponta:** período composto por 3 horas diárias consecutivas definidas pela distribuidora, comumente estabelecido entre o final da tarde e o início da noite. Nesse horário, a tarifa é mais alta do que as demais.
- **Horário intermediário:** período de 2 horas, sendo considerando geralmente uma hora imediatamente anterior e outra imediatamente posterior ao horário de ponta. No horário intermediário, o valor da tarifa é menor.
- **Horário fora de ponta:** período composto pelo conjunto das horas diárias consecutivas e complementares àquelas definidas nos postos ponta e intermediário. No período fora de ponta, a tarifa cobrada é mais baixa do que o valor convencional.

Compete a cada distribuidora de energia elétrica determinar qual horário será considerado o período da ponta. A maior parte das distribuidoras escolhe o intervalo entre 17h30 e 20h30 ou 18h e 21h.

Dentro da tarifa horossazonal podem ser escolhidas duas modalidades, chamadas tarifa azul e tarifa verde. A diferença reside nos valores para os horários de ponta e fora de ponta.

Essa forma de cobrança sinaliza a oportunidade de um consumidor deslocar seu consumo para um horário em que a tarifa seja menor, reduzindo, assim, o pico exigido da rede elétrica, no horário de maior carga do sistema.

É importante destacar que finais de semana e feriados nacionais são considerados integralmente como horário fora de ponta.

Na Tabela 2.1, é possível identificar as diferenças existentes no faturamento de energia e a demanda dos dois tipos de tarifas.

Tabela 2.1 Cobrança de energia e demanda das tarifas disponíveis para consumidores do grupo

<table>
<tr><th></th><th>Verde</th><th>Azul</th></tr>
<tr><th rowspan="2">Demanda</th><td rowspan="2">Única</td><td>Ponta</td></tr>
<tr><td>Fora de ponta</td></tr>
<tr><th rowspan="2">Energia</th><td>Ponta</td><td>Ponta</td></tr>
<tr><td>Fora de ponta</td><td>Fora de ponta</td></tr>
</table>

Fonte: adaptado da Resolução Normativa nº 414.

Para ilustrar as diferenças de tarifas entre as modalidades existentes, estão representados na Tabela 2.2 os valores praticados por uma distribuidora de energia elétrica no ano de 2019 para o subgrupo A4. Esses valores são diferentes para cada distribuidora e reajustados anualmente de acordo com orientação da Aneel.

Os consumidores do grupo A, conectados em uma tensão inferior a 69 kV, podem optar pela tarifa horossazonal azul ou verde. As unidades consumidoras que possuem uma tensão de fornecimento igual ou superior a 69 kV compulsoriamente serão faturadas pela tarifa horossazonal azul.

Tabela 2.2 Exemplo de tarifa de energia elétrica praticada em 2019 para o subgrupo A4

Estrutura horossazonal azul																	
Demanda R$/kW						Consumo R$/kW						Demanda de ultrapassagem R$/kW					
Ponta			Fora de ponta			Ponta			Fora de ponta			Ponta			Fora de ponta		
TUSD + TE	TUSD	TE	TUSD + TE	TUSD	TE	TUSD + TE	TUSD	TE	TUSD + TE	TUSD	TE	TUSD + TE	TUSD	TE	TUSD + TE	TUSD	TE
32,45	32,45	0	17,50	17,50	0	565,92	125,44	440,48	394,86	125,44	269,42	64,90	64,90	0	35,00	35,00	0

Estrutura horossazonal verde											
Demanda R$/kW			Consumo R$/kW						Demanda de ultrapassagem R$/kW		
			Ponta			Fora de ponta					
TUSD + TE	TUSD	TE	TUSD + TE	TUSD	TE	TUSD + TE	TUSD	TE	TUSD + TE	TUSD	TE
17,50	17,50	0	1.353,15	912,47	440,48	394,86	125,44	269,42	35,00	35,00	0

2.1.3.3 Estrutura tarifária para consumidores do grupo B

As tarifas do grupo B são estabelecidas somente para o componente de consumo de energia, em reais por megawatt-hora, considerando que o custo da demanda de potência está incorporado ao custo do fornecimento de energia.

Para os casos em que o consumidor não usa a energia elétrica por um período, quando viaja de férias, por exemplo, a distribuidora cobra o valor mínimo na fatura.

Isso ocorre porque a empresa tem de manter seu sistema elétrico e sua estrutura de atendimento em perfeito funcionamento, permitindo que o consumidor utilize a energia elétrica quando desejar. É o chamado custo de disponibilidade, presente nas tarifas aplicáveis ao faturamento de unidades consumidoras atendidas em baixa tensão de fornecimento.

A Resolução Normativa nº 414/2010 estabeleceu os valores mínimos para cada perfil de unidade consumidora residencial. Para as unidades monofásicas e bifásicas com dois condutores, o valor em moeda corrente será o equivalente a 30 kWh, mesmo que não haja consumo. Para as unidades bifásicas, a cobrança mínima será equivalente a 50 kWh, e para as unidades trifásicas, o valor corresponderá a 100 kWh.

Para que esse valor não seja cobrado, o consumidor tem a opção de solicitar à concessionária o desligamento da sua unidade consumidora da rede de distribuição. Entretanto, quando decidir restabelecer o consumo de energia, terá de pagar uma taxa para a execução da religação da rede.

A unidade consumidora monofásica é aquela que está ligada à rede de energia elétrica por dois condutores – fase e neutro –, enquanto a unidade consumidora bifásica é alimentada por duas fases.

A ligação bifásica a três condutores é realizada por duas fases e um neutro (três condutores), e a trifásica é ligada por três fases e um neutro (quatro condutores).

Originalmente, a Resolução Normativa nº 414 permitia a realização da cobrança do fator e potência para unidades consumidoras do grupo B, porém, em 23 de julho de 2013, a Aneel publicou a Resolução Normativa nº 569, proibindo a realização dessa cobrança.

2.1.4 Tarifa social de baixa renda

A Tarifa Social de Energia Elétrica (TSEE), como é denominada na Resolução Normativa nº 414, é uma tarifa de valor reduzido destinada para famílias que estão em situação socioeconômica em que seria muito difícil pagar o valor integral da energia elétrica, da mesma forma que outros consumidores.

Essa tarifa reduzida é subsidiada por todos os demais consumidores de energia elétrica do País, por meio de arrecadação das distribuidoras para o fundo setorial denominado Conta de Desenvolvimento Energético (CDE), portanto, esse é um custo social do País, em que todos os brasileiros têm uma parcela de contribuição para diminuir as desigualdades.

Um dos motivos da criação desse benefício refere-se ao fato de que, historicamente, as unidades consumidoras que se enquadram nessas condições apresentam elevado índice de furto de energia e inadimplência, até mesmo pela falta de condições de pagar pela energia. Como esse é um serviço público essencial para as pessoas, é mais adequado que seja oferecida uma tarifa que elas tenham condições de pagar.

A Resolução Normativa nº 414 estabelece três condições que tornam elegíveis consumidores a ter direito ao benefício da tarifa social:

- família inscrita no Cadastro Único para Programas Sociais do Governo Federal (Cadastro Único), com renda familiar mensal *per capita* menor ou igual a meio salário mínimo nacional; ou
- idosos com 65 anos ou mais ou pessoas com deficiência, que recebam o Benefício de Prestação Continuada da Assistência Social (BPC), nos termos dos artigos 20 e 21 da Lei nº 8.742, de 7 de dezembro de 1993; ou
- família inscrita no Cadastro Único com renda mensal de até três salários mínimos, que tenha portador de doença ou deficiência (física, motora, auditiva, visual, intelectual e múltipla) cujo tratamento, procedimento médico ou terapêutico requeira o uso continuado

de aparelhos, equipamentos ou instrumentos que, para seu funcionamento, demandem consumo de energia elétrica.

A TSEE apresenta um valor separado em relação às demais tarifas dos consumidores residenciais conectados em baixa tensão. O valor integral da tarifa (sem desconto) é cobrado para o consumo mensal a partir de 221 kWh, sendo que esse valor já é inferior à tarifa do consumidor residencial. Para as parcelas de consumo de energia elétrica inferiores, há desconto escalonado, conforme mostra a Tabela 2.3.

Tabela 2.3 Descontos aplicados na tarifa social de baixa renda

Faixa de consumo	Desconto tarifário
0 a 30 kWh	65,0%
31 a 100 kWh	40,0%
101 a 220 kWh	10,0%
A partir de 221 kWh	0,0%

Fonte: adaptado da Resolução Normativa nº 414.

2.1.4.1 Tarifa branca

Desde o início de 2020, está disponível para todos os consumidores de energia elétrica do grupo B (ligados em baixa tensão) a opção da tarifa branca.

É importante ressaltar que a implementação dessa tarifa foi realizada em fases, sendo que, em 2018, apenas consumidores do grupo B com consumo superior a 500 kWh dispunham dessa opção e, a partir de 2019, esse limite foi reduzido para 250 kWh.

De acordo com as premissas estabelecidas para essa tarifa, as unidades consumidoras do grupo B terão à sua disposição a tarifa branca, que apresenta valores diferenciados da energia em função do horário do dia. Vale destacar que a adesão a essa tarifa é opcional, podendo o consumidor manter-se na atual tarifa convencional.

Caso o consumidor migre para a tarifa branca, ele pode, a qualquer momento, retornar à tarifa convencional, e a distribuidora possui o prazo 30 dias para realizar esse procedimento, a contar da data da solicitação formal do consumidor. Contudo, se o consumidor migrou para a tarifa branca e retornou para a convencional, uma nova adesão para a tarifa branca apenas pode ser realizada após 180 dias.

Não são elegíveis a essa tarifa as unidades consumidoras que possuem o sistema de pré-pagamento e os sistemas de iluminação pública.

Para realizar a medição em horários diferenciados, a distribuidora deve instalar medidores eletrônicos com recursos capazes de fazer esse registro. Os custos incorridos na instalação desses medidores devem ser suportados pela distribuidora.

2.1.5 Bandeiras tarifárias

Em 2013, a Aneel instituiu, em caráter de teste, três bandeiras tarifárias, classificadas como verde, amarela e vermelha.

- **Bandeira verde:** o sistema elétrico apresenta condições adequadas de geração com baixo custo. A tarifa não sofre nenhum acréscimo.
- **Bandeira amarela:** o sistema elétrico precisa acionar algumas usinas mais caras para atendimento a carga, porém ainda com emprego em grande escala de usinas de menor custo. A tarifa já sofre acréscimo nessa condição.
- **Bandeira vermelha – patamar 1:** o sistema elétrico precisa acionar diversas usinas de maior custo operacional. A tarifa sobre maior elevação do que a bandeira amarela nessa condição.
- **Bandeira vermelha – patamar 2:** o sistema elétrico precisa acionar muitas usinas de elevado custo de geração. Nesse caso, a tarifa sobre o maior acréscimo possível.

A partir de janeiro de 2015, a aplicação dessas bandeiras passou a vigorar para todos os clientes do território nacional. Elas representam o custo mais alto ou mais baixo em função das condições de geração de energia elétrica no País. Dessa forma, as contas de energia são faturadas com base nesse Sistema de Bandeiras Tarifárias, segundo a Resolução Normativa nº 547/2013.

O acionamento de cada bandeira tarifária será sinalizado mensalmente pela Aneel, de acordo com informações prestadas pelo ONS, conforme a capacidade de geração de energia elétrica do País.

Esses custos são estabelecidos pelo ONS em função dos tipos de usina despachados. A prioridade do ONS é operar as usinas hidrelétricas que apresentam custo de operação reduzido quando seus reservatórios encontram-se com níveis adequados. Nos períodos de seca, quando o nível de armazenamento dos reservatórios está abaixo da média esperada, são despachadas as usinas termelétricas a gás, óleo e carvão, que apresentam custo de operação mais elevado.

Esse tipo de despacho determina o Custo Marginal de Operação (CMO) e o Encargo de Serviço do Sistema por Segurança Energética (ESS-SE). De acordo com o valor do CMO e do ESS-SE, determina-se a bandeira tarifária do mês.

Mensalmente, a Aneel divulga a informação da bandeira tarifária, que também está disponível na fatura de energia elétrica. Os valores que serão acrescidos na tarifa de energia são alterados periodicamente pela Aneel, de acordo com as condições do sistema elétrico. No site da agência estão disponíveis os valores atualizados, bem como a indicação da bandeira que está vigente no mês.

As bandeiras tarifárias são válidas para todo o Sistema Interligado Nacional (SIN). O estado de Roraima é o único que ainda não está conectado ao SIN, portanto, os consumidores desse estado não estão submetidos às bandeiras tarifárias.

2.2 Avaliação da tensão de fornecimento

O item 2.1.1 apresentou os subgrupos do grupo A. O enquadramento de determinado consumidor em um desses subgrupos depende de alguns fatores, como demanda requerida da rede, disponibilidade da tensão solicitada por parte da concessionária, eventuais custos de extensão de rede, entre outros.

A maior parte dos consumidores do grupo A se enquadra no subgrupo A4, tendo em vista compreender os níveis de tensão habitualmente encontrados nas redes de distribuição primária.

Observando os valores da tarifa, verifica-se que quanto menor é a tensão, mais elevado é seu valor. A tarifa do subgrupo A1 é menor quando comparada com a tarifa do subgrupo A2, que, por sua vez, é menor que a do subgrupo A3 e assim por diante, sendo a tarifa do subgrupo AS a mais elevada do grupo A.

De acordo com a Resolução Normativa nº 414, caso a demanda contratada do consumidor seja igual ou inferior a 2.500 kW, a tensão de conexão deve ser inferior a 69 kV, porém, se a demanda contratada for superior a 2.500 kW, a tensão de conexão deve ser igual ou superior a 69 kV. Eventualmente, um consumidor pode estar fora dessa regra; nesse caso, fica a critério da distribuidora aceitar essa condição.

Devido a essa característica tarifária, o consumidor do subgrupo A4 pode avaliar a possibilidade de mudança para outro subgrupo com o objetivo de redução de despesas. Essa análise é possível de ser feita inclusive para o consumidor ligado em baixa tensão, pertencendo, portanto, ao grupo B e que deseja passar para o grupo A.

A metodologia empregada para avaliar a viabilidade de mudança de subgrupo consiste em substituir a tarifa atual (no caso, a tarifa do subgrupo A4) pelas tarifas dos subgrupos A3a, A3 ou até mesmo A2.

Comparando o resultado proveniente dessa projeção de fatura com o valor pago no momento, é possível obter a economia financeira que seria obtida com a mudança de subgrupo.

Para finalizar a análise de viabilidade, deve-se comparar a economia financeira obtida com os seguintes custos:

- a viabilidade de levar o nível de tensão pretendido às instalações físicas do consumidor;
- construção de uma subestação compatível com o novo nível de tensão;
- adequação e/ou construção da rede de distribuição da concessionária;
- valores empregados na manutenção e na operação da nova subestação.

Acrescido a esses itens, é preciso considerar também se existe espaço físico disponível à construção da nova subestação.

2.3 Análise da demanda contratada

A atual legislação estabelece que a parcela atribuída à demanda contratada será paga mesmo que o medidor da concessionária registre um valor menor do que o contratado.

Atenção especial deve ser destinada à utilização de um valor superior àquele da demanda contratada, tendo em vista que a ultrapassagem, acima dos valores permitidos implica a cobrança tendo como base de cálculo o dobro do valor do kW da demanda.

Caso haja interesse em reduzir a demanda contratada, o consumidor deve realizar a solicitação com antecedência mínima de 90 dias para unidades consumidoras do subgrupo A4 e de 180 dias para demais subgrupos. Esse período de carência não precisa ser cumprido caso o pedido de redução seja decorrente de implementação de ações de eficiência energética pelo consumidor, ou se ele instalou sistema de micro ou minigeração distribuída.

Há ainda a restrição de que não é possível realizar mais do que uma redução de demanda em um período de 12 meses.

A condição ideal considera que a demanda máxima registrada no ciclo de medição seja menor do que a demanda contratada acrescida do percentual de tolerância, fixado em 5% pela Resolução Normativa nº 414.

A demanda máxima registrada varia em cada mês, portanto, a análise da demanda contratada deve considerar não somente a fatura de um mês, mas o maior período disponível de dados, como um histórico de 12 ou 24 meses. A análise deve contemplar o período mínimo de 12 meses para avaliar como as variações climáticas impactam no consumo atribuído ao ar-condicionado, os períodos de final de ano e férias, além de outros fatores que influenciam o funcionamento da empresa e, consequentemente, o consumo de energia elétrica.

Durante a análise, deve ser considerado se a unidade consumidora possui um planejamento de expansão ou redução que provocará uma alteração no perfil de consumo. Caso exista essa previsão, toda a análise deve considerar essas premissas.

O levantamento dos valores faturados das demandas registradas nos últimos 12 meses pode ser utilizado para elaborar a análise, empregando um gráfico de linhas, no qual constarão os valores de demanda registrada. Ao menor valor deve ser acrescido o percentual de tolerância da ultrapassagem, considerando o nível de tensão de fornecimento da unidade consumidora. Os exemplos a seguir orientam a escolha do valor adequado para a demanda contratada, tomando como base os últimos registros de uma unidade consumidora.

EXEMPLOS

1. Estabelecer o valor de demanda contratada para a unidade consumidora do subgrupo A4 com base nos valores de demanda registrada dos últimos 12 meses apontados na Tabela 2.4.

Tabela 2.4 Valores de demanda registrados na instalação consumidora

	Jan	Fev	Mar	Abr	Mai	Jun	Jul	Ago	Set	Out	Nov	Dez
Demanda medida	452	459	462	450	455	445	442	450	457	450	462	455

Gráfico 2.1 Comportamento da demanda do Exemplo 1

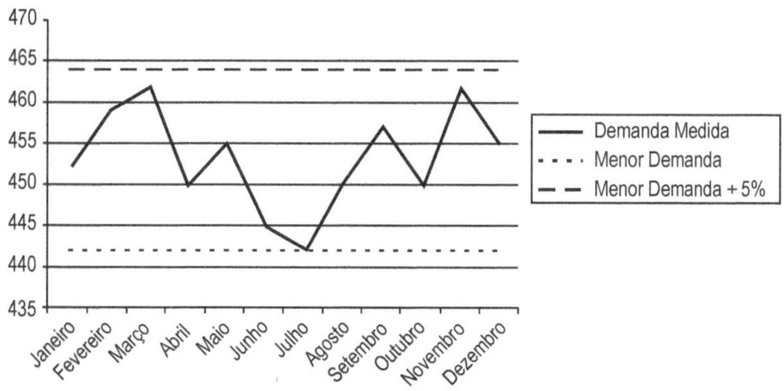

A menor demanda registrada, neste exemplo, é de 442 kW. Ao acrescer a tolerância de 5% sobre esse valor, obtém-se o resultado de 464,1 kW. Como a maior demanda registrada é de 462 kW, não haverá pagamento de ultrapassagem. Nesse caso, portanto, a unidade consumidora terá como a melhor demanda a ser contratada o valor de 442 kW.

No exemplo considerado, a contratação de uma demanda menor implica pagamento de ultrapassagem de demanda nos meses em que ocorre o pico (fevereiro, março, novembro e dezembro), que corresponde à tarifa em dobro aplicada sobre o valor excedente. Caso a demanda contratada seja maior do que 442 kW, nos meses de baixa demanda, o consumidor vai desembolsar por uma demanda contratada, mesmo não a utilizando totalmente.

2. Estabelecer o valor de demanda contratada para a unidade consumidora do subgrupo A4 com base nos valores de demanda registrada dos últimos 12 meses apontados na Tabela 2.5.

Tabela 2.5 Valores de demanda registrados na instalação consumidora

	Jan	Fev	Mar	Abr	Mai	Jun	Jul	Ago	Set	Out	Nov	Dez
Demanda medida	460	447	456	450	460	445	442	450	460	455	452	470

Gráfico 2.2 Comportamento da demanda do Exemplo 2

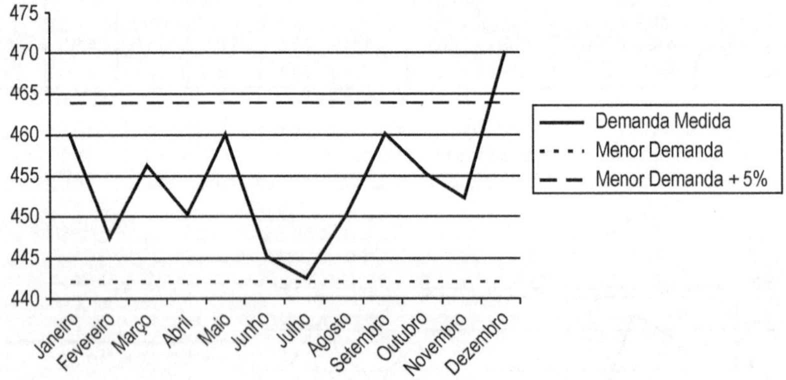

Neste caso, vamos considerar que o maior valor de demanda registrada está acima do valor mínimo acrescido da tolerância, portanto, devemos avaliar quantas vezes o valor da tolerância é ultrapassado.

Conforme a Tabela 2.5 e a respectiva análise gráfica, a ultrapassagem de demanda ocorre somente no mês de dezembro, retratando um típico consumidor comercial com a instalação da iluminação de Natal.

A solução, neste exemplo, consiste em simular os valores das faturas e avaliar a situação econômica mais vantajosa: aumentar o valor da demanda contratada ou pagar a ultrapassagem de demanda em dezembro.

Na primeira escolha, não haverá o pagamento correspondente à ultrapassagem de demanda em dezembro, mas implica pagamento de uma demanda contratada maior nos 11 meses restantes do ano, superior àquela necessária ao funcionamento da instalação. A segunda alternativa contempla o pagamento da tarifa de ultrapassagem de demanda somente no mês de dezembro.

Como visto, a análise deve ser pontual e pode ter resultados variados em função da situação considerada. O consumidor pode optar pelo pagamento de ultrapassagem de demanda em um único mês, reduzindo, porém, o valor a título de demanda contratada nos outros 11 meses do ano.

3. Estabelecer o valor de demanda contratada para a unidade consumidora do subgrupo A4 com base nos valores de demanda registrada dos últimos 12 meses apontados na Tabela 2.6.

Tabela 2.6 Valores de demanda registrados na instalação consumidora

	Jan	Fev	Mar	Abr	Mai	Jun	Jul	Ago	Set	Out	Nov	Dez
Demanda medida	460	468	456	472	460	445	442	450	460	473	452	470

Gráfico 2.3 Comportamento da demanda do Exemplo 3

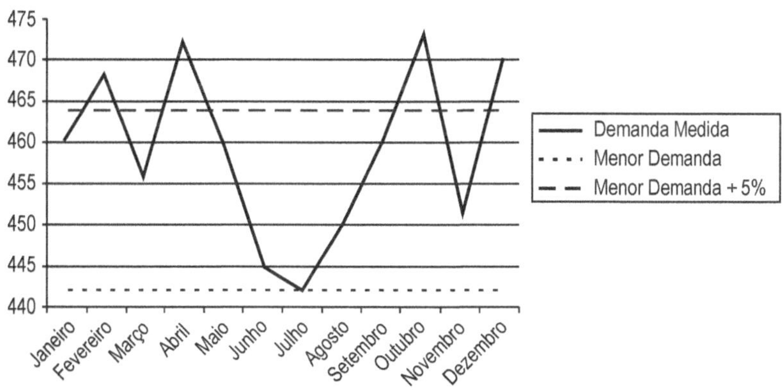

Como pode ser constatado na Tabela 2.6, ocorrem várias ultrapassagens de demanda registrada quando comparada com o valor mínimo de 442 kW acrescido da tolerância (5%).

O valor de demanda contratada será estabelecido pela redução da margem de tolerância (5% neste caso) do maior valor de demanda registrada. Neste exemplo, a maior demanda registrada é de 473 kW, ocorrida no mês de outubro. Reduzindo esse valor em 5%, obtém-se a demanda de 450,5 kW.

Vale destacar que o método de cálculo utilizado neste exemplo considera a subtração da tolerância da demanda máxima registrada, em que os 5% fazem parte da base do cálculo e incidem sobre ele mesmo. Esse método é popularmente conhecido como cálculo "por dentro". A operação matemática empregada neste caso foi 473/1,05, em que 1,05 corresponde aos 5% da redução.

O valor da demanda a ser contratada pode considerar um arredondamento para cima, evitando "trabalhar no limite". No exemplo, o valor de demanda contratada adotado poderia ser 455 kW, conforme ilustrado no Gráfico 2.4.

Gráfico 2.4 Comportamento da demanda do Exemplo 3 com nova projeção de demanda contratada

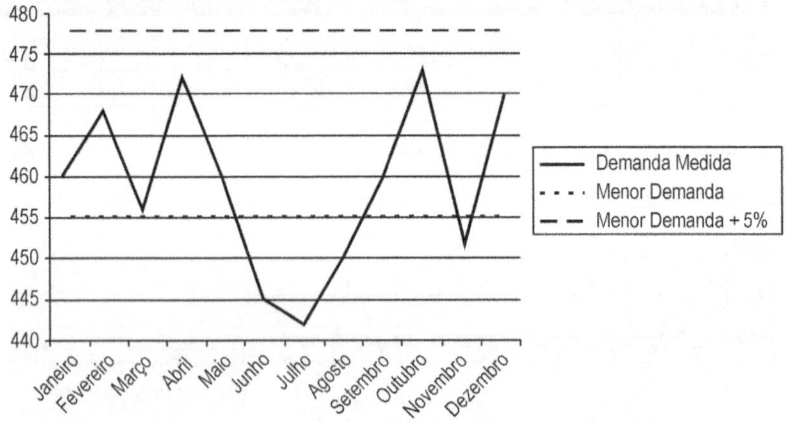

2.4 Seleção da melhor estrutura tarifária

Um consumidor do grupo A pode se enquadrar na tarifa horossazonal azul ou horossazonal verde. Cada estrutura tarifária possui valores e formas de cobrança diferenciados. Por essa razão, é importante analisar a conveniência de mudança da estrutura tarifária visando alcançar redução nos valores da fatura de energia elétrica.

Inicialmente, deve ser avaliado se é possível a mudança do tipo de tarifa, de acordo com as regras da Aneel.

A unidade consumidora que esteja conectada a uma tensão de fornecimento igual ou superior a 69 kV somente se enquadra na estrutura tarifária horossazonal azul, portanto, neste caso, não existe análise aplicável ao tipo de tarifa devido à obrigatoriedade de aplicação da tarifa horossazonal azul.

Tabela 2.7 Regras de elegibilidade das tarifas horossazonais

	Horossazonal azul	Horossazonal verde
Tensão de fornecimento	Qualquer tensão	< 69 kV
Demanda contratada	Qualquer demanda	Qualquer demanda

Nos casos em que é possível a mudança de estrutura tarifária, a análise deve ser iniciada com a obtenção dos valores de tarifa na distribuidora de energia, geralmente disponibilizadas no site da empresa.

O próximo passo é simular o valor da fatura de energia elétrica considerando as outras estruturas tarifárias aplicáveis. Comparando os valores da simulação com a fatura atual, é possível avaliar se é ou não conveniente a mudança de estrutura tarifária.

Nessa análise, devem ser observados vários meses do ano. Pode ocorrer de uma tarifa ser mais vantajosa em um mês e menos em outro devido às variações envolvendo o perfil de consumo da unidade consumidora.

2.5 Análise do fator de potência

A energia reativa consumida que exceder o fator de potência limite de 0,92 será cobrada na fatura de energia elétrica.

Conforme apresentado anteriormente, durante a madrugada será cobrada a energia reativa consumida de forma excedente ao fator de potência mínimo de 0,92 **capacitivo**, e no restante do dia será cobrada a energia reativa consumida de forma excedente ao fator de potência mínimo de 0,92 **indutivo**.

O gerenciamento de energia deve sempre observar se há alguma cobrança de energia reativa na fatura. Caso seja identificada essa cobrança, devem ser adotadas as medidas cabíveis para corrigir esse problema.

O Capítulo 3 aborda as informações necessárias para realizar a análise e a correção do fator de potência.

2.6 Fator de carga

O fator de carga é definido como o índice calculado pela razão entre a energia ativa consumida e a energia máxima que poderia ser utilizada em um dado intervalo de tempo. Também é possível afirmar que o fator de carga é representado pela razão entre a demanda média e a demanda máxima registrada em determinado período.

O resultado é um índice adimensional, que varia entre 0 e 1. Em termos de eficiência energética, quanto mais próximo de 1, melhor é o fator de carga da instalação.

O fator de carga indica como a instalação elétrica utiliza a potência disponível ao longo do ciclo de medição. O fator de carga pode ser apresentado na fatura de energia elétrica dos consumidores do grupo A, somente a título informativo, pois ele não é tarifado.

Como visto anteriormente, as faturas de energia pertencentes aos consumidores do grupo B (tarifação monômia) não apresentam valores de demanda. Tal fato não permite calcular o fator de carga para esses consumidores.

É possível realizar o cálculo do fator de carga único de todo o período do mês de uma determinada unidade consumidora, ou pode-se obter o valor por posto horário (ponta e fora de ponta).

Para realizar o cálculo de um valor único do fator de carga para todo o mês, deve-se dividir a energia consumida pela demanda registrada, multiplicada pelo tempo de utilização, conforme representado pela fórmula a seguir:

$$\text{Fator de carga} = \frac{\text{Consumo (kWh)}}{\text{Demanda (kW)} \times \text{t (h)}} \quad \text{(Equação 2.2)}$$

Caso os dados de consumo e demanda sejam extraídos da fatura de energia elétrica, o tempo corresponderá ao número de horas do período de faturamento. Não é possível obter esse dado com precisão, uma vez que na fatura se extrai a informação somente do dia da leitura.

Como o horário da leitura não é disponibilizado na fatura, o cálculo das horas será aproximado e obtido ao multiplicar o intervalo de dias entre leituras por 24 horas. Considerando um intervalo de leitura de 30 dias, multiplicado, por 24 obtém-se o tempo de 720 horas.

Para realizar o cálculo pós-horário, são obtidos por dois fatores de carga, sendo um para o horário de ponta e outro para fora de ponta, conforme as Equações 2.3 e 2.4:

$$\text{Fator de carga (ponta)} = \frac{\text{Consumo ponta (kWh)}}{\text{Demanda ponta (kW)} \times \text{tp (h)}} \quad \text{(Equação 2.3)}$$

$$\text{Fator de carga (fora de ponta)} = \frac{\text{Consumo fora de ponta (kWh)}}{\text{Demanda fora de ponta (kW)} \times \text{tfp (h)}} \quad \text{(Equação 2.4)}$$

Lembre-se de que o horário de ponta é constituído por 3 horas diárias, com exceção aos sábados, domingos e feriados nacionais. Considerando que o ciclo de medição é constituído por 22 dias que possuem horário de ponta, multiplicado por 3, resulta no total de horas do período de ponta (66 horas).

Subtraindo o intervalo da ponta do total de horas do período analisado, obtém-se o número de horas fora de ponta. Considerando um mês de 720 horas (30 dias × 24 horas), teremos: 720h – 66h = 654h. Portanto, o número de horas fora de ponta corresponde a 654 horas.

Para facilitar o entendimento do fator de carga, o Gráfico 2.5 faz a representação de um dia de consumo de uma instalação elétrica. A análise do fator de carga mensal segue o mesmo raciocínio.

O consumo utilizado no numerador da fórmula é o resultado da soma das demandas instantâneas de determinado período. Ao ligar as demandas instantâneas, obtém-se um gráfico. A área abaixo desse gráfico corresponde ao consumo de energia.

A demanda utilizada no denominador da fórmula do fator de carga é a demanda extraída da fatura de energia, que corresponde à demanda máxima registrada no período, ou seja, é o pico de demanda medido no período de análise. Ao multiplicar esse valor pelo tempo do período analisado, obtém-se a energia elétrica que seria consumida caso a demanda máxima fosse utilizada ao longo de todo o tempo, caracterizando-se como o máximo de utilização da rede elétrica disponível.

Gráfico 2.5 Representação da curva de carga diária de uma instalação elétrica

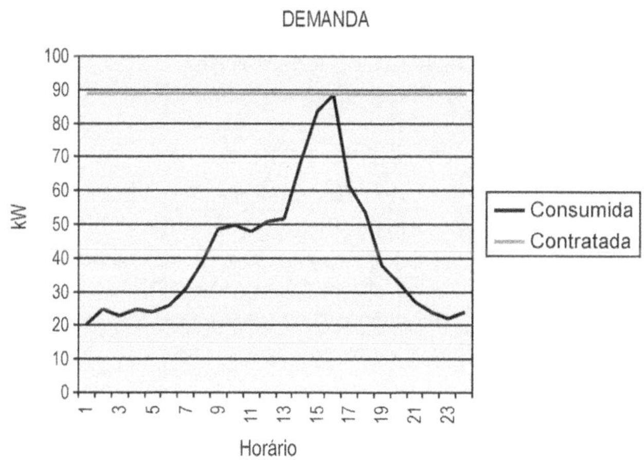

Quanto menor for a diferença entre o consumo medido (numerador) e o consumo (energia) máximo disponível pela rede elétrica, mais próximo de 1 será o resultado do fator de carga. Esse resultado próximo a 1 indica que as demandas instantâneas ao longo do dia são próximas da demanda máxima. Assim, a demanda contratada também pode ser próxima a esse valor.

Se as demandas instantâneas apresentarem grande variação ao longo do período analisado, o valor da demanda máxima registrada ocorrerá em um período de tempo muito curto. A interpretação final dessa análise leva a concluir que o valor de demanda contratada corresponde ao pico da demanda máxima registrada. Outra importante conclusão da análise é que a demanda contratada estará adequada ao pico e, na maior parte do período, não será utilizada. Caso seja possível reduzir o pico de demanda, automaticamente reduziremos a demanda contratada e, consequentemente, reduziremos os valores envolvidos na fatura de energia elétrica.

O Gráfico 2.6 apresenta a curva de demanda de uma unidade consumidora com um pico de demanda de 89 kW e consumo de energia durante esse período de 989 kWh. Tal fato impõe ao consumidor a necessidade de contratar uma demanda de mesmo valor (89 kW) na concessionária. Para este exemplo, obtém-se um fator de carga de 0,46, resultado de 989 / (89 × 24).

É possível consumir os mesmos 989 kWh, porém de modo mais uniforme durante o dia, e obter uma redução da demanda contratada para 64 kW, sem interferir no consumo de energia da unidade consumidora e elevando o fator de carga para 0,64, resultado de 989 / (64 × 24).

Gráfico 2.6 Representação de curva de carga diária sem pico de demanda ao longo do período

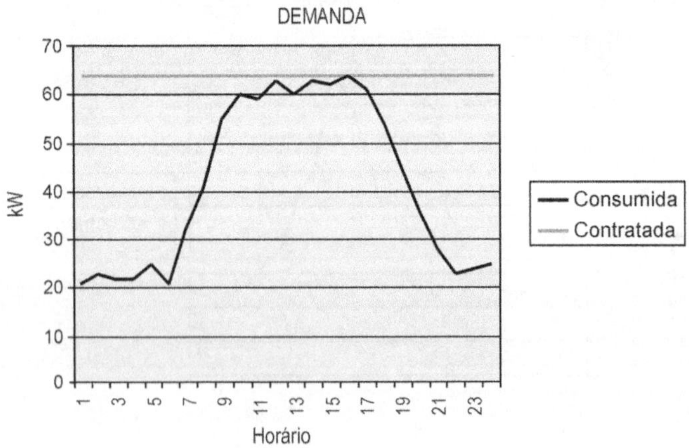

A nova demanda foi obtida pela análise do Gráfico 2.6, em que é possível observar que a maior demanda registrada foi de 64 kW. Com uma demanda contratada menor, o valor da fatura de energia elétrica também será menor.

2.7 Melhoria do fator de carga

A melhoria do fator de carga (índice mais próximo a 1) permite a redução no valor da demanda contratada, minimizando os custos da fatura de energia elétrica. Contudo, algumas medidas empregadas para a evolução do fator de carga podem onerar a operação da empresa. Dessa forma, devemos analisar se a economia obtida com a redução da demanda compensa a elevação dos custos internos.

O gerenciamento de energia é uma ferramenta eficaz, que considera todos os custos envolvidos na operação da empresa, permitindo avaliar as implicações e a relação custo-benefício em função das providências que devem ser adotadas.

Para analisar o fator de carga, primeiramente, deve-se identificar em que momento do dia ocorre o maior valor de demanda. Esse dado pode ser obtido por aquisição da memória de massa do medidor na distribuidora de energia, mediante o pagamento de uma taxa.

A evolução tecnológica trouxe equipamentos, para o gerenciamento de energia, dotados de softwares específicos para essa finalidade, os quais recebem informações do medidor da concessionária, constituindo uma ferramenta a ser empregada no monitoramento de grandezas, como a demanda e o fator de potência.

Uma alternativa para determinação do momento em que ocorre o pico de demanda é a instalação de analisadores de grandezas elétricas. Via de regra, esses instrumentos são instalados no secundário dos transformadores, ou nas entradas dos quadros gerais de distribuição. Caso haja mais do que um transformador no sistema elétrico da empresa, o ideal é instalar, simultaneamente, um analisador em cada transformador, para que posteriormente seja possível sobrepor os dados na mesma base de tempo.

O pico de demanda pode ocorrer sempre em determinado horário do dia ou da semana, como também pode alterar-se no caso de cargas que não possuam uma rotina de operação bem-definida.

A análise deve ser feita nesses picos, identificando quais cargas operam no horário afetado, buscando alternativas para remanejar a operação de tais cargas em outros períodos de menor demanda da unidade consumidora.

EXEMPLO

Analisemos o conjunto motobomba da caixa-d'água, que precisa funcionar 2 horas por dia para encher o reservatório elevado. Considerando que, após cheia, a caixa é capaz de suprir a necessidade de água da instalação por todo o dia, não há necessidade de a bomba operar juntamente com outras cargas de grande potência. O equipamento pode operar durante outros horários, a exemplo da madrugada, por meio de um acionamento automático e programado, em períodos em que existem poucas cargas na empresa requerendo demanda da rede simultaneamente.

A partida de motores de elevada capacidade deve, sempre que possível, ser distribuída ao longo de um intervalo de tempo, pois sua coincidência de partida pode ocasionar um elevado valor de demanda.

Outras medidas podem ser estudadas a fim de identificar oportunidades de redução da demanda e, consequentemente, redução dos custos na fatura de energia elétrica.

2.8 Fatura de energia

A conta de energia elétrica – como é popularmente conhecida a fatura – é o principal documento de acompanhamento e relacionamento do consumidor com a concessionária de energia.

As faturas de energia elétrica dos consumidores em baixa tensão contêm a energia consumida (kWh), enquanto os consumidores conectados em alta tensão são faturados na demanda requerida da rede elétrica (kW), além da energia elétrica consumida.

A fatura de um consumidor de alta tensão apresenta ainda outras informações, como grupo tarifário, horário de ponta, entre outros.

Em todas as faturas, constam os indicadores individuais de qualidade no fornecimento de energia elétrica DIC, FIC, DMIC e DICRI, abordados no Capítulo 1.

Para interpretar de forma mais apropriada a fatura de energia elétrica, é importante conhecer o funcionamento dos medidores de energia elétrica, o que é apresentado a seguir.

2.9 Medição de energia elétrica

A Resolução Normativa nº 414 obriga as concessionárias a instalarem o medidor de energia elétrica nas instalações elétricas de seus consumidores, com o objetivo de registrar o consumo de energia e posteriormente realizar a cobrança por fatura. Os medidores podem ser eletrônicos ou eletromecânicos.

Historicamente, a medição de energia das unidades consumidoras supridas por fornecimento de energia em baixa tensão era realizada apenas com medidores eletromecânicos. Contudo, nos últimos anos, muitas empresas de distribuição de energia têm realizado a substituição desses equipamentos por medidores eletrônicos. Essas ações em geral estão inseridas em projetos conhecidos como redes inteligentes (smart grid).

Os motivadores dessa substituição, em geral, estão associados a possibilidade implementar recursos de gestão que permite realizar ações de monitoramento que mitigam as perdas comerciais e oferece recursos para controlar aspectos operacionais e de qualidade do fornecimento de energia.

Outro uso típico da medição eletrônica refere-se ao emprego nas unidades consumidoras atendidas em baixa tensão, localizadas em edifícios residenciais ou comerciais. Dessa forma, é possível instalar os medidores nos andares, sem a necessidade de construção de um centro de medição no térreo ou subsolo, e efetuar a leitura remotamente.

As unidades consumidoras alimentadas em alta tensão, considerando alta tensão aquela superior a 1.000 V, conforme definido pela Norma Regulamentadora NR-10 do Ministério do Trabalho, já utilizam medidores eletrônicos há muitos anos.

Para registrar a demanda, o medidor eletrônico integraliza as medições instantâneas em um único valor dentro de um intervalo de tempo determinado. Os medidores utilizados em consumidores de energia elétrica que atuam no mercado livre precisam estar parametrizados para integralizar as medições instantâneas a cada intervalo de 5 minutos.

Os medidores empregados nos consumidores cativos podem ser parametrizados para integralizar dados de medição em intervalos de 15 minutos, que é o período considerado para faturamento da sua demanda. Contudo, se a distribuidora quiser padronizar esse parâmetro em 5 minutos, ela pode fazê-lo, de tal forma que em seu sistema de faturamento será necessário agrupar cada 3 intervalos de 5 minutos em um registro de 15 minutos.

No caso do fator de potência, o medidor eletrônico faz um cálculo similar, porém, o período de integralização é de 1 hora, portanto, são registrados diariamente 24 valores do fator de potência.

nbehmans/Getty Images

Figura 2.2 Medidor de energia eletrônico.

Erik Isakson/Getty Images

Figura 2.3 Medidor de energia eletromecânico.

Todas as grandezas elétricas medidas são registradas e armazenadas em três postos horários distintos: ponta, fora de ponta indutivo e fora de ponta capacitivo. Os valores registrados são acessados pela concessionária por interfaces apropriadas. Posteriormente, o programa de faturamento da distribuidora de energia avalia, para a emissão da fatura, a estrutura tarifária em que a instalação do consumidor se enquadra, com base no contrato de demanda firmado.

Nas unidades consumidoras atendidas em baixa tensão, e que possuam uma corrente elétrica inferior a 100 A, é possível realizar a ligação do medidor de forma direta, em que toda a corrente elétrica consumida pela instalação passa pelo medidor.

Caso a corrente elétrica seja mais elevada, é preciso instalar um transformador de corrente (TC). Ele é dotado de um enrolamento primário e outro secundário. Sua função é reduzir a corrente que circula no circuito primário de forma proporcional para o circuito secundário. Nesse caso, a corrente elétrica consumida pela instalação passa pelo circuito primário do TC, enquanto o medidor é conectado ao seu circuito secundário.

O medidor registra o consumo de energia inferior ao consumo real devido ao fato de a corrente elétrica ter sido reduzida pelo TC. Dessa forma, a fatura de energia apresenta a relação de transformação do TC com o objetivo de permitir que os valores medidos correspondam aos valores efetivamente consumidos na instalação.

As unidades consumidoras atendidas em alta tensão possuem, além dos transformadores de corrente, os transformadores de potencial (TP).

Os TPs possuem funcionamento similar ao dos TC, porém reduzindo o valor da tensão elétrica injetada no medidor. Nesse caso, a fatura de energia elétrica aplica o fator de correção do TC e o fator de correção do TP, definido por sua relação de transformação.

A concessionária deve fornecer gratuitamente o medidor e os demais equipamentos necessários à medição.

Há situações que dispensam a obrigatoriedade da instalação do medidor, como: se o fornecimento for destinado a iluminação pública, semáforos, iluminação de vias internas de condomínios, assim como equipamentos de outra natureza instalados em via pública.

Quando a instalação do medidor não puder ser feita em razão de dificuldade transitória, encontrada pelo consumidor (reforma da unidade consumidora, acesso da concessionária etc.), limitada a um período máximo de 90 dias, no qual o consumidor deve providenciar as instalações de sua responsabilidade.

2.9.1 Fornecimento provisório

O ciclo de faturamento normalmente compreende 30 dias, podendo variar no intervalo de 27 a 33 dias.

É facultado à concessionária realizar leituras em um intervalo de até 12 ciclos para consumidores do grupo B localizados em área rural. Nesses casos, o próprio consumidor deve realizar sua leitura mensal e informar a distribuidora. Caso ele não o faça, a cobrança será realizada pela média do seu faturamento.

2.9.2 Interpretação da fatura de energia

O Módulo 11 dos Procedimentos de Distribuição (Prodist) estabelece as informações obrigatórias que devem constar em toda fatura de energia elétrica. Essas informações estão relacionadas:

- à identificação do consumidor ou usuário do sistema de distribuição;
- à identificação da unidade consumidora ou ponto de acesso;
- ao que é necessário para efetuar o pagamento;
- às quantidades e aos valores relativos aos produtos e serviços prestados;
- aos impostos e às contribuições incidentes sobre o faturamento;
- ao histórico de faturamento;
- aos interesses dos consumidores e demais usuários do sistema de distribuição.

EDP São Paulo Distribuição de Energia S.A.
Rua Gomes de Carvalho, 1996 - Vila Olímpia
04547 006 São Paulo SP

CNPJ 02.302.100/0001-06
I.E. 115.026.474.116
Insc. Única Reg. Esp.
Processo SF-5-13753/2000

2ª Via
Sem Fins Fiscais
1 / 1

Nota Fiscal/Conta de Energia Elétrica nº 000.540.968 Série Única

Cliente / Endereço de Entrega

COD. IDENT. 1234567890 COD. FISCAL OPERAÇÃO: 5258
GRUPO/SUBGRUPO: B - B1 CLASSE/SUBCLASSE: RESIDENCIAL
TP FORNECIMENTO: BIFÁSICO MODALIDADE TARIFÁRIA: CONVENCIONAL
ROTEIRO DE LEITURA: B10TA09M00080 NR MEDIDOR: 12345678 TENSÃO NOMINAL: 220 / 127 V

Local de Consumo

Valor total a pagar	Número da Instalação
R$ 381,44	

Consumo mês / kWh	Data de Vencimento
635	06/12/2017

Atendimento EDP
0800 721 0123
www.edponline.com.br

Conta do Mês
Outubro/2017

Bandeiras Tarifárias

Bandeira Tarifária Vigente na Data de Faturamento: VERMELHA
Nº dias Fat. Bandeira Amarela : 15 dias (16/09/2017 a 30/09/2017)
Nº dias Fat. Bandeira Vermelha : 16 dias (01/10/2017 a 16/10/2017)
Informações sobre o sistema de bandeiras tarifárias estão disponíveis no site da ANEEL (www.aneel.gov.br)

Período de Faturamento

Emissão	24/11/2017
Leitura Anterior	15/09/2017
Leitura Atual	16/10/2017
Nº Dias de Faturamento	31 Dias
PREV. PRÓXIMA LEITURA	14/11/2017

Aviso

Débito automático

Reservado ao Fisco: 2FAA.797F.ED5E.5500.25E4.C934.B2C9.8DC2

Descrição de Consumo

Descrição	Nr do Medidor	Leitura Anterior	Leitura Atual	Const.Mult.	Qtde kWh mês
	12345678	21.365	22.000	1,00000	635,00

Detalhes de Faturamento

CCI	DESCRIÇÃO DO PRODUTO	QUANTIDADE	TARIFA APLICADA	VALOR FORNEC	TARIFA C/ IMPOSTOS	B. CALC. ICMS	VALOR ICMS 25,00%	B.CALC. PIS/COFINS	VALOR PIS 0,52%	VALOR COFINS 2,42%	VALOR TOTAL
0605	TUSD - Consumo	635,0000	0,17268000	109,63	0,23959059	152,14	38,04	152,14	0,79	3,68	152,14
0601	TE - Consumo	635,0000	0,22485000	142,78	0,31203150	198,14	49,54	198,14	1,03	4,79	198,14
0696	Adicional Bandeira Amarela	307,2600	0,02000000	6,15	0,02776150	8,53	2,13	8,53	0,05	0,21	8,53
0698	Adicional Bandeira Vermelha	327,7400	0,03500000	11,47	0,04857909	15,92	3,98	15,92	0,08	0,38	15,92
	ITENS FINANCEIROS										
0882	SEG 08007223050										6,71
		TOTAL		276,03		374,73	93,69	374,73	1,95	9,06	381,44

TRIBUTOS

Descrição	Base de Cálculo	Alíquota(%)	Valor (R$)
PIS	374,73	0,52	1,95
COFINS	374,73	2,42	9,06
ICMS	374,73	25,00	93,69

Atenção

Serviços de terceiros: a cobrança via fatura de energia elétrica pode ser interrompida a qualquer tempo junto ao atendimento EDP
EDP Esclarece: manutenção de Iluminação Pública? Contate a Prefeitura no 0800 121 2222.

Caro Cliente

REAVISO DE DÉBITOS

A(s) fatura(s) abaixo está(ão) pendente(s) de pagamento(s). Evite SUSPENSÃO DE FORNECIMENTO e a cobrança do custo de disponibilidade quitando o(s) referido(s) DÉBITO(S) em até 15 dias deste Aviso (Lei 8.987/95). Em caso de efetivação da suspensão, após 2 ciclos de faturamento, o contrato poderá ser encerrado (REN ANEEL 414/10). O atraso do pagamento acarreta PROTESTO e/ou NEGATIVAÇÃO. Caso tenha pago, favor desconsiderar. Este aviso não altera o(s) anterior(es).

Mês/Ano	Vencimento	Valor R$	Mês/Ano	Vencimento	Valor R$	Mês/Ano	Vencimento	Valor R$
08/2017	11.09.2017	204,89	09/2017	10.10.2017	196,42			

CONARA DE BRAGANÇA ALBUQUERQUE
RUA MARGARIDA 99999
AP 01
10000-000 CONJ FLORES / TAUBATE - SP

Nº da Instalação	Vencimento	Total a Pagar
1234567890	06/12/2017	R$ 381,44

Referência de Débito Automático: 101234567890

ATENÇÃO Considerar esta conta quitada somente após o débito em sua conta corrente. Caso contrário, pague na rede bancária credenciada. Após o vencimento sujeito a multa de 2%, juros de 1% ao mês e correção pelo IGPM.

836700000034 814400730010 607553083009 000231996828

Figura 2.4 Modelo de fatura de energia elétrica de baixa tensão.

Na parte superior esquerda da fatura estão os dados do consumidor, como nome e endereço, além dos dados do contrato e da medição, como as datas das leituras, a classe do consumidor, os níveis de tensão de fornecimento, entre outros.

No centro estão os dados de faturamento. Por se tratar de uma unidade consumidora de baixa tensão, que não possui cobrança de energia reativa, somente é apresentada a energia ativa consumida (kWh).

A tarifa de energia é cobrada de forma segregada entre a parcela referente a rede elétrica, denominada Tarifa de Uso do Sistema de Distribuição (TUSD), em relação a parcela da energia elétrica produzida, denominada de TE (Tarifa de Energia).

A Figura 2.5 apresenta um modelo de fatura de energia elétrica da EDP referente a uma unidade consumidora ligada em alta tensão.

No alto, à esquerda da fatura, consta a identificação do cliente com seu respectivo endereço de entrega da fatura e correspondência.

Logo abaixo consta a apresentação das informações referente a bandeira tarifária que está sendo considerado nessa fatura.

No alto, à direita da fatura, estão indicados o mês de referência e o número da instalação, que identifica a localidade física. Nesse local, consta também as datas que representam o período considerado na respectiva fatura.

A parte central da fatura contém todas as informações necessárias para o cálculo do valor a ser faturado. Todas as linhas contêm o detalhamento referente a tarifa, impostos e valores a serem pagos. Estão discriminados os valores correspondentes a parcela da rede elétrica, conhecida como TUSD e a parcela da energia elétrica gerada, denominada TE. Em seguida, ainda na parte central, são apresentados os valores de demanda faturada, energia reativa e bandeira tarifária.

1 / 4

EDP São Paulo Distribuição de Energia S.A.
Rua Gomes de Carvalho, 1996 - Vila Olímpia
04547 006 São Paulo SP

CNPJ 02.302.100/0001-06
I.E. 115.026.474.116
Insc. Única Reg. Esp.
Processo SF-5-13753/2000

Nota Fiscal/ **Conta de Energia Elétrica** nº 007.235.612 Série Única

Cliente / Endereço de Entrega

Número da Instalação: 12345678

Conta do Mês: Maio/2018

Atendimento EDP
0800 723 4321
edponline
www.edponline.com.br
App disponível para IOS e Android

Período de Faturamento

Emissão	06/06/2018
Leitura Anterior	06/04/2018
Leitura Atual	07/05/2018
Nº Dias Faturamento	31 Dias
PREV. PRÓXIMA LEITURA	09/06/2018

00100001

Bandeiras Tarifárias

Bandeira Tarifária Vigente na Data de Faturamento: AMARELA
Nº dias Fat. Bandeira Verde : 24 dias (07/04/2018 a 30/04/2018)
Nº dias Fat. Bandeira Amarela : 07 dias (01/05/2018 a 07/05/2018)
Informações sobre o sistema de bandeiras tarifárias estão disponíveis no site da ANEEL (www.aneel.gov.br)

Dados do Contato

Número	Grupo	Subgrupo	Modalidade
1234567	A	A4	AZUL
Classe / Subclasse			Perdas Transformação
INDUSTRIAL			2,5%
Tensão Nominal	Tensão Contratada	Demanda Ponta	Demanda Fora Ponta
	13.800 V	75,0000	185,0000
Período de Faturamento		Horário de Ponta	Tipo Fornecimento
07/04/2018 A 07/05/2018		17:30:00 A 20:30:00	TRIFÁSICO

Demonstrativo de Valores

CCI DESCRIÇÃO DO PRODUTO	QUANTIDADE	TARIFA APLICADA	VALOR FORNEC	TARIFA C/ IMPOSTOS	B. CÁLC. ICMS	ALÍQ. ICMS%	VALOR ICMS	B.CÁLC. PIS/COFINS	ALÍQ. PIS%	VALOR PIS	ALÍQ. COFINS%	VALOR COFINS	VALOR TOTAL
0605 TUSD - Consumo Ativo Ponta	1.140,3576	0,03796000	43,29	0,04955463	56,51	18,00	10,17	56,51	0,96	0,53	4,43	2,50	56,51
0605 TUSD - Cons Ativo FPonta Ind.	23.539,7400	0,03796000	893,57	0,04954940	1.166,38	18,00	209,95	1.166,38	0,96	11,19	4,43	51,67	1.166,38
0605 TUSD - Cons Ativo FPonta Cap.	3.161,3952	0,03796000	120,01	0,04955091	156,65	18,00	28,20	156,65	0,96	1,50	4,43	6,94	156,65
0601 TE - Consumo Ativo Ponta	1.140,3576	0,42240000	481,78	0,55144983	628,85	18,00	113,19	628,85	0,96	6,04	4,43	27,86	628,85
0601 TE - Cons Ativo FPonta Ind.	23.539,7400	0,27368000	6.442,36	0,35723802	8.409,29	18,00	1.513,67	8.409,29	0,96	80,73	4,43	372,53	8.409,29
0601 TE - Cons Ativo FPonta Cap.	3.161,3952	0,27368000	865,21	0,35723764	1.129,37	18,00	203,29	1.129,37	0,96	10,84	4,43	50,03	1.129,37
0602 Demanda Ponta	75,0000	24,44000000	1.833,00	31,90186667	2.392,64	18,00	430,68	2.392,64	0,96	22,97	4,43	105,99	2.392,64
0602 Demanda Fora Ponta	185,0000	10,76000000	1.990,60	14,04513514	2.598,35	18,00	467,70	2.598,35	0,96	24,94	4,43	115,11	2.598,35
0601 ERE-Energia Reativa Excedente	46,4940	0,28600000	13,30	0,37338151	17,36	18,00	3,12	17,36	0,96	0,17	4,43	0,77	17,36
0698 Adicional Bandeira Amarela	6.286,7800	0,01000000	62,87	0,01305438	82,07	18,00	14,77	82,07	0,96	0,79	4,43	3,64	82,07
ITENS FINANCEIROS													
0807 CIP - Contribuição Municipal													310,18
	TOTAL		12.745,97		16.637,47		2.994,74	16.637,47		159,72		737,04	16.947,65

TRIBUTOS

Descrição	Base de Cálculo	Alíquota(%)	Valor (R$)
PIS	16.637,47	0,96	159,72
COFINS	16.637,47	4,43	737,04
ICMS	16.637,47	18,00	2.994,74

RESERVADO AO FISCO
F5DE.B91C.BDA8.EF7C.9684.F73A.DD49.25FE

Data de Vencimento: 18/06/2018

Valor total a pagar (R$): 16.947,65

Mensagem

BANCO ITAU SA	341-7	34191.09057 48362.532938 80135.840009 3 75590001694765

Local de Pagamento: PAGUE PREFERENCIALMENTE NO ITAÚ	Vencimento: 18/06/2018
Beneficiário: EDP SP DISTRIB DE ENERGIA CNPJ 02302100000106	Agência / Cód. Cedente: 2938/01358-4
Data do Processamento: 31/07/2018 · Número do Documento: · Espécie Documento: DM · Aceite: N · Data do Processamento: 31/07/2018	Nosso Número: 109/05483625-3
Uso do Banco: · Carteira: 109 · Espécie Moeda: R$ · Quantidade: · Valor:	(=) Valor do Documento: 16.947,65
Mensagem: *Todas informações deste bloqueto são de responsabilidade do beneficiário*	(-) Desconto / Abatimento
	(-) Outras Deduções
	(+) Mora / Multa
VEDADO AOS BANCOS O RECEBIMENTO APÓS 03/07/2018	(+) Outros Acréscimos
PARA PAGAMENTO EM CHEQUE, QUITAÇÃO DA FATURA ESTARÁ CONDICIONADA A SUA COMPENSAÇÃO.	(=) Valor Cobrado

Pagador

Autenticação Mecânica

Figura 2.5 Modelo de fatura de energia elétrica de alta-tensão.

2.10 Mercado livre

Conforme apresentado no Capítulo 1, o marco regulatório brasileiro determina que as empresas de geração e comercialização de energia elétrica atuem em um mercado livre, ao passo que as empresas de distribuição e transmissão devem atuar em um mercado regulado.

Os consumidores de energia elétrica são supridos em sua maior parte pelas distribuidoras e, em alguns casos, pelas transmissoras. Essas empresas atuam em um mercado regulado porque esse tipo de serviço caracteriza-se como um monopólio natural, afinal seria antieconômico várias empresas lançarem sua rede de energia elétrica em uma mesma rua, permitindo ao consumidor escolher de qual empresa contratar o fornecimento de energia elétrica.

Dessa forma, o mercado livre desvincula parcialmente as questões técnicas das questões comerciais. A conexão da unidade consumidora com a rede elétrica será sempre realizada pela empresa de distribuição à qual essa unidade está conectada, porém a contratação da energia elétrica que será consumida pode ser realizada com outra empresa, geralmente uma comercializadora.

2.10.1 Regras de enquadramento do cliente livre

O marco legal do mercado livre teve início em 7 de julho de 1995, com a promulgação da Lei nº 9.074. Posteriormente, outras leis e resoluções da Aneel foram elaboradas com o objetivo de complementar a regulamentação desse setor, até chegar às atuais regras vigentes.

Os potenciais clientes livres podem se enquadrar em dois tipos de contratação, podendo a contratação da energia ser de qualquer fonte geradora ou das fontes consideradas incentivadas.

Toda unidade consumidora que possui demanda contratada superior a 500 kW pode atuar no mercado livre de energia elétrica.

Caso a sua demanda seja superior a 2.000 kW e decida atuar no mercado livre, o consumidor obrigatoriamente é classificado como consumidor livre e deve comprar energia de fontes convencionais como grandes hidroelétricas e usinas térmicas, sem direito a desconto na parcela da TUSD. Este limite de 2.000 kW será reduzido para 1.500 kW a partir de 2021, 1.000 kW a partir de 2022 e 500 kW a partir de 2023.

Os consumidores com demanda entre 500 kW e 2.000 kW que decidam sair da contratação exclusiva da distribuidora e passar a atuar no mercado livre, são classificadas como consumidores especiais e podem comprar energia elétrica de fontes incentivadas com direito a desconto na TUSD.

As fontes incentivadas são das usinas eólicas, biomassa, solares, PCH e sistemas de cogeração qualificada. Até 2015, essas usinas precisavam ter potência limitada a 30 MW. As novas usinas dessas fontes que tiveram sua construção viabilizada nos leilões, a partir de 2016 passaram a ter um limite de potência elevado para 300 MW para ainda ter o direito de desconto na TUSD.

A regulamentação permite que um grupo de unidades consumidoras, reunidas por comunhão de interesse, de fato ou de direito, cuja demanda somada seja superior a 500 kW, independentemente da tensão de fornecimento, migre para o mercado livre, comprando energia de fontes incentivadas.

O enquadramento a essa regra pode ser exemplificado pelas agências bancárias de uma mesma instituição. Cada agência isoladamente não atinge a demanda mínima, porém, agrupadas, podem alcançar 500 kW.

2.10.2 Regras do mercado livre

A partir do momento em que um determinado consumidor de energia elétrica decide migrar para o mercado livre, ele deve ter conhecimento de que há uma série de obrigações a serem cumpridas.

Essas obrigações podem ser realizadas por ele próprio, ou por alguma empresa que seja contratada para realizar essas atividades em seu nome. A seguir estão descritas algumas das principais obrigações e pontos de atenção a serem atendidos para atuação no mercado livre de energia elétrica.

2.10.2.1 Contratos

Ao optar pela migração do mercado cativo para o mercado livre, a unidade consumidora deve contratar a energia elétrica que pretende consumir de uma comercializadora ou diretamente de um gerador. Essa contratação é feita em um mercado no qual impera a concorrência entre os agentes, contudo, a distribuidora local, ou eventualmente a transmissora, possui a responsabilidade de manter a rede elétrica em condições de suprir o fornecimento de energia elétrica para a unidade consumidora. Por esse motivo, junto com a concessionária local, devem ser celebrados o Contrato de Uso do Sistema de Distribuidora de Energia Elétrica (CUSD) e o Contrato de Conexão ao Sistema de Distribuição de Energia Elétrica (CCD).

No caso de grandes consumidores conectados diretamente a uma empresa de transmissão, os contratos têm seu nome alterado de distribuição para transmissão, ficando as siglas CUST e CCT.

Para remunerar o serviço da distribuidora local de manter a rede elétrica operando, a unidade consumidora paga a Tarifa de Uso do Sistema de Distribuição (TUSD). No caso de unidades consumidoras ligadas diretamente à rede de transmissão, a tarifa é chamada TUST.

2.10.2.2 Carência

Após migrar para o mercado livre, a unidade consumidora possui o direito de retornar ao mercado cativo, desde que informe à concessionária local com antecedência de, no mínimo, cinco anos.

Esse período pode também ser considerado uma carência para o retorno ao mercado cativo após a migração para o mercado livre.

A distribuidora de energia, a seu critério, pode aceitar o retorno do consumidor ao mercado cativo em um período menor, caso seja de seu interesse.

2.10.2.3 Energia contratada

A unidade consumidora deve realizar um contrato com a comercializadora ou a geradora referente à energia que pretende consumir. A cada mês é realizada a medição da energia realmente consumida e comparada com o valor contratado.

Caso seja consumida mais energia do que o contratado, a unidade consumidora deve comprar a diferença no chamado mercado de curto prazo; caso contrário, deve vender o excedente no mesmo mercado.

O preço dessa energia, seja na compra ou na venda, é definido pela Câmara de Comercialização de Energia Elétrica (CCEE) e atualizado semanalmente, sendo chamado Preço de Liquidação das Diferenças (PLD).

2.10.2.4 Desconto na TUSD

Com o objetivo de incentivar o consumo de energia a partir de fontes incentivadas, a Aneel determina que seja concedido um desconto de, no mínimo, 50% na TUSD para os contratos realizados com essas fontes.

2.10.2.5 Sistema de medição da energia elétrica

O sistema de medição de uma unidade consumidora comum é definido pela concessionária local, porém o sistema de medição de um consumidor livre deve seguir o padrão da ONS e da CCEE.

O padrão estabelecido para esse tipo de consumidor, em geral, não requer adequações significativas dos equipamentos. O principal aspecto necessário refere-se ao fato que deve ser instalado um acesso de telecomunicação ao medidor exclusivo para a CCEE acessar os seus dados.

2.10.2.6 Gerenciamento do ambiente de contratação

O gerenciamento da contratação da energia deve avaliar, inicialmente, se a unidade consumidora possui ou não as características que se enquadram no Ambiente de Contratação Livre (ACL), conforme as regras apresentadas anteriormente.

Caso não seja possível migrar para o mercado livre, a unidade consumidora fica obrigatoriamente enquadrada no Ambiente de Contratação Regulado (ACR) e será um cliente cativo da distribuidora local.

Se a unidade consumidora atender às regras de enquadramento no mercado livre, pode ser feita uma cotação do preço da energia com as comercializadoras ou geradores, bem como uma simulação para comparar o preço da fatura paga atualmente com o preço a ser pago no ACL que é obtido pelo seguinte cálculo:

$$\text{Preço no ACL} = \text{TUSD} + \text{Preço da energia} + \text{Taxa de associação na CCEE} + \text{Impostos} + \text{Encargos} + \text{Serviço de gestão da comercializadora}$$

Como o preço da energia elétrica no mercado livre é definido em função da relação entre a oferta e a procura, seu valor pode sofrer grandes variações. Por esse motivo, a simulação pode resultar em um valor menor do que a atual fatura com a distribuidora local, como também pode resultar em um valor mais elevado.

Uma vez definida a migração para o ambiente de contratação livre, o consumidor faz um contrato que estabelece o valor da energia elétrica a ser pago. Durante a vigência do contrato, a unidade consumidora está protegida de oscilações do preço, mas as diferenças entre a energia medida e a contratada serão pagas ou recebidas (depende da diferença entre a energia elétrica medida e a contratada, se positiva ou negativa) de acordo com o valor do PLD, que pode sofrer grande variação.

O maior risco do ambiente de contratação livre está na renovação do contrato, pois se os valores de energia no mercado livre estiverem elevados em razão de alguma conjuntura do setor elétrico, a unidade consumidora será obrigada a comprar energia pelo valor do momento, diante da impossibilidade de ficar descontratada e de retornar ao mercado cativo, o que somente pode acontecer após cinco anos da decisão devido à carência a ser cumprida.

A Tabela 2.7 apresenta de forma resumida as principais informações relacionadas aos dois ambientes de contratação, facilitando a análise das diferenças e, consequentemente, das vantagens e desvantagens.

Tabela 2.7 Comparação entre os ambientes de contratação livre e regulado

	Ambiente de contratação livre	**Ambiente de contratação regulado**
Conexão com a rede elétrica	Concessionária local	Concessionária local
Com quem são celebrados os contratos	Concessionária local e supridor de energia	Concessionária local
Tipo de contrato	Conexão e uso da rede de distribuição e de compra e venda de energia com o supridor de energia	Contrato de fornecimento com a concessionária local
O que é contratado	Demanda com a concessionária local e energia com o supridor de energia	Demanda com a concessionária local
O que tem preço regulado	Conexão e uso da rede (R$/kW)	Demanda (R$/kW) e energia (R$/kWh)
O que é livremente negociado	Preço da energia e condições comerciais de pagamento	Nada
Responsável pela qualidade e pela continuidade de fornecimento	Concessionária local	Concessionária local
Responsável pelo atendimento de emergência	Concessionária local	Concessionária local

Migrar para o ACL é uma ação que deve ser muito bem planejada. O que pode parecer um atrativo financeiro em um primeiro momento, também carrega um grau de risco, que pode eventualmente se transformar em ônus maior do que a permanência no ACR.

É comum a contratação de uma consultoria especializada para dar o suporte nessa análise, uma vez que existem muitas regras nesse mercado, as quais, se não forem consideradas, podem levar o consumidor a fazer um mau negócio.

A própria distribuidora a que o consumidor está conectado pode auxiliar na análise dos prós e contras da migração para o ACL, uma vez que essas regras são modificadas constantemente e alguém que não vivencie esse mercado pode estar desatualizado.

Como essa decisão envolve grandes montantes de dinheiro no pagamento das faturas de energia elétrica, o profissional ou a equipe responsável pela análise deve ter o pleno conhecimento de todas as vantagens e desvantagens associadas ao ACL.

Segundo dados da CCEE, em julho de 2019, existiam no Brasil aproximadamente 6.000 consumidores livres. Apesar de representar um número pequeno de consumidores, quando comparado aos milhões existentes no País, o volume de energia consumido por eles é muito expressivo, pois se trata, justamente, dos maiores consumidores.

A própria CCEE considera que o consumo de energia desses consumidores livres representa cerca de 30% de toda a energia elétrica consumida no País.

O percentual de energia consumido por esse grupo é muito elevado quando comparado com a quantidade pequena de consumidores. Com esses dados, é possível concluir que as empresas que mais consomem energia elétrica no País estão no ACL. É justamente nesse nicho de mercado que a migração para o mercado livre se apresenta mais atrativa.

Em outros países, como os europeus, o mercado livre chega até mesmo aos consumidores de baixa tensão. No futuro, pode ocorrer algo similar no Brasil, tornando a migração para o ACL mais atrativa aos consumidores de pequeno e médio portes, no entanto, ainda são necessárias algumas mudanças nas regras de mercado.

ATIVIDADES

1. Quais são os objetivos da Resolução Normativa nº 414/2010, da Aneel?
2. Defina estrutura tarifária de acordo com a Aneel.
3. Complete as lacunas: A Resolução Normativa nº 414 determina que, no intervalo compreendido entre ____h____ e ____h____, a distribuidora defina 6 horas em que o fator de potência limite é de __________ capacitivo e, nas 18 horas complementares, o fator de potência limite é de __________ indutivo.
4. De acordo com a Resolução Normativa nº 414, qual é o percentual de limite de ultrapassagem de demanda para um consumidor do grupo A? Caso ocorra a ultrapassagem em relação à demanda contratada, quantas vezes mais cara fica a tarifa aplicada sobre o valor excedente?
5. Complete as lacunas: de acordo com a Resolução Normativa nº 414, caso a demanda contratada do consumidor seja igual ou inferior a __________ kW, a tensão de conexão deve ser inferior a __________ kV; porém se a demanda contratada for superior a __________ kW, a tensão de conexão deve ser igual ou superior a __________ kV. Eventualmente um consumidor pode estar fora dessa regra, e nesse caso fica a critério da distribuidora aceitar essa condição.
6. A unidade consumidora pertencente ao mercado livre necessita de dois medidores de energia. Responda:

   a) Qual é o objetivo dos dois medidores?

   b) Quem deve custear a adequação do sistema de medição?

CAPÍTULO 3

Fator de Potência

Os conceitos básicos do fator de potência não são recentes. O desenvolvimento tecnológico, aliado ao crescimento da indústria e do mercado consumidor, de maneira geral, alterou a característica do sistema elétrico a partir da introdução, cada vez maior, de equipamentos como motores e reatores, tidos como consumidores de uma energia chamada reativa.

O elevado consumo de energia reativa não é uma preocupação restrita às grandes indústrias. Nas pequenas empresas e em outras instalações utilizadas para fins comerciais e residenciais, a energia reativa também está presente.

Mesmo quando não aplicáveis, os ajustes da tarifação e a compensação da energia reativa pela correção do fator de potência acarretam o consumo racional de energia elétrica.

Dessa forma, pode-se economizar energia pela utilização da máxima capacidade das instalações elétricas em função da redução da energia reativa consumida do sistema.

A correção do fator de potência deve ser considerada em virtude dos seguintes resultados positivos que podem ser obtidos:

- redução das perdas por aquecimento (efeito Joule) nos transformadores e nos circuitos por conta da redução da corrente de alimentação;
- redução dos custos decorrentes da utilização de energia elétrica, considerando os ajustes das tarifas cobradas pelas concessionárias, bem como redução das perdas;
- aumento na capacidade de condução dos cabos e da capacidade disponível em transformadores, permitindo a ligação de cargas adicionais;
- aumento dos níveis de tensão, podendo corrigir eventuais distorções.

3.1 Como entender o fator de potência

Para o entendimento adequado do fator de potência, é necessário conhecer alguns conceitos da eletricidade.

O movimento ordenado de elétrons nos condutores elétricos é obtido por uma diferença de potencial ou tensão elétrica, cuja unidade de medida é o volt [V].

O fluxo ordenado dos elétrons constitui a corrente elétrica, cuja unidade de medida é o ampère [A].

Nos sistemas elétricos que utilizam tensão e corrente senoidais, o modelo matemático empregado na análise, na interpretação e no dimensionamento dos circuitos contempla os valores instantâneos da intensidade da tensão e da corrente.

No Gráfico 3.1, é possível observar as formas de onda da tensão e corrente senoidais, as quais variam de zero até um máximo positivo, retornando a zero e, posteriormente, alcançando um máximo negativo. O intervalo de tempo empregado nessa variação é denominado período.

Gráfico 3.1 Forma de onda senoidal

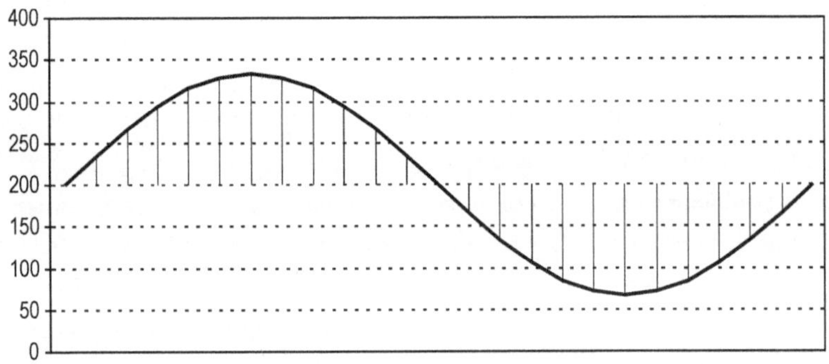

No Brasil, a frequência da rede elétrica é padronizada em 60 Hz, ou seja, a tensão e a corrente descrevem a forma de onda do Gráfico 3.1 60 vezes por segundo. A relação entre a frequência da forma de onda e o período é dada por:

$$f = \frac{1}{T} \qquad \text{(Equação 3.1)}$$

em que:

f: frequência.

T: período.

O ângulo denominado ângulo de fase mede a defasagem entre tensão e corrente em determinado instante.

As formas de onda da corrente e da tensão podem comportar-se de maneiras distintas em função do tipo de carga alimentada.

As cargas existentes podem ser classificadas como cargas resistivas, indutivas e capacitivas.

3.1.1 Cargas resistivas

A resistência elétrica é definida como a oposição que o circuito condutor oferece à circulação da corrente. É expressa por:

$$R = \frac{V}{I} \qquad \text{(Equação 3.2)}$$

em que:

V: tensão em volt [V].

I: corrente em ampère [A].

R: resistência em ohm [Ω].

Nas resistências elétricas e, portanto, nas cargas resistivas, as senoides da tensão e da corrente passam pelos pontos máximo, zero e mínimo simultaneamente, como mostra o Gráfico 3.2.

Gráfico 3.2 Forma de onda da tensão e corrente nas cargas resistivas

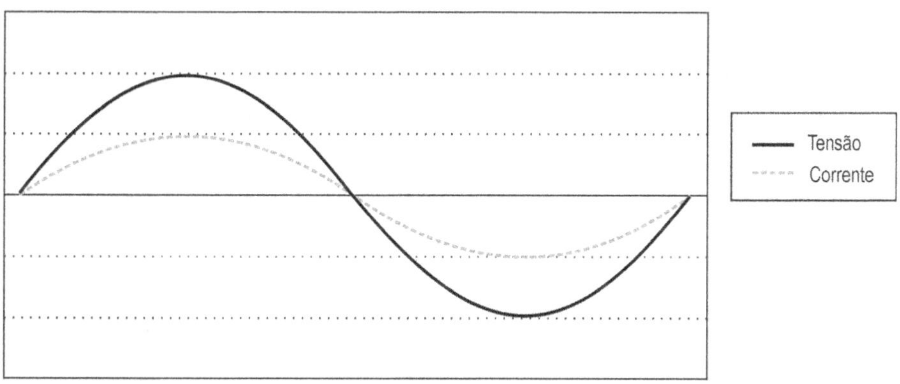

Diz-se, então, que as senoides estão em fase.

3.1.2 Cargas indutivas

Quando a corrente alternada circula em uma bobina, provoca o chamado fenômeno da autoindução, ou seja, a bobina, ao ser energizada, induz tensão em si mesma. A tensão autoinduzida retarda a circulação da corrente elétrica.

Esse fenômeno constituído pela resistência à circulação da corrente é denominado reatância indutiva, designado por XL, cuja unidade de medida é o ohm [Ω], sendo expresso por:

$$XL = \omega \cdot L = 2 \cdot \pi \cdot f \cdot L \quad \text{(Equação 3.3)}$$

em que:

f: frequência em hertz [Hz].

L: indutância da bobina ou condutor em henry [H].

ω: $2 \pi f$ = frequência angular em [rad/s].

O Gráfico 3.3 apresenta a defasagem entre as senoides da tensão e corrente. As formas de onda da tensão e corrente passam pelos pontos máximo, zero e mínimo em momentos distintos.

Nos indutores e, consequentemente, nas cargas indutivas, a corrente está defasada da tensão. No indutor puro, a corrente está atrasada 90° em relação à tensão.

Gráfico 3.3 Forma de onda da tensão e corrente na carga indutiva

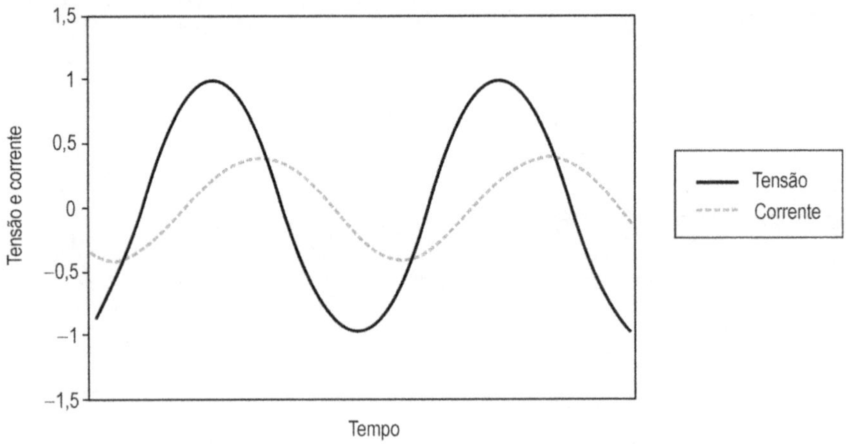

3.1.3 Cargas capacitivas

Os capacitores são componentes do circuito que acumulam eletricidade ao longo do tempo e impõem resistência à circulação da corrente alternada. Esse fenômeno recebe o nome de reatância capacitiva, designada por XC, que é medida em ohm [Ω] e expressa por:

$$Xc = \frac{1}{\omega C} \quad \text{(Equação 3.4)}$$

em que:

C: capacitância em farad [F].

ω: $2 \pi f$ = frequência angular em [rad/s].

f: frequência em hertz [Hz].

Conforme mostrado no Gráfico 3.4, nos circuitos puramente capacitivos, a forma de onda da corrente fica adiantada 90° em relação à da tensão.

Gráfico 3.4 Forma de onda da tensão e corrente na carga capacitiva

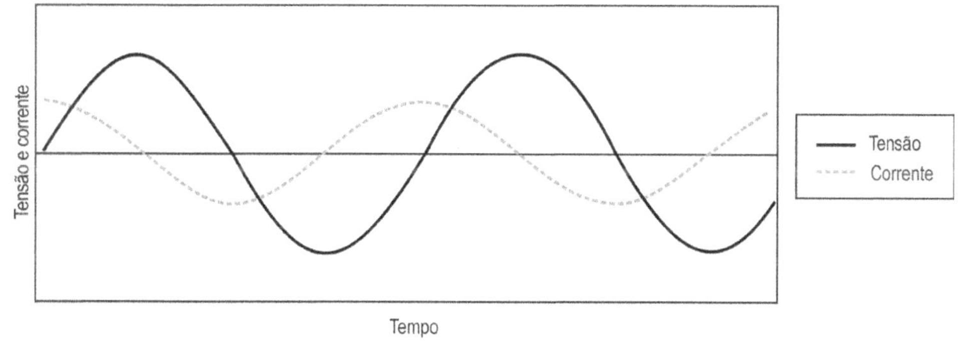

3.1.4 Impedância

Os circuitos elétricos de corrente alternada são constituídos por reatâncias indutivas, reatâncias capacitivas e resistências.

A resistência total do circuito é então chamada de impedância e designada por Z, expressa em ohm [Ω].

Uma carga pode ser representada por sua impedância equivalente Z, que é composta pela resistência R e pela reatância X equivalente.

3.1.5 Potência

A potência absorvida por uma carga constitui o produto da tensão pela corrente.

$$P = V \times I \qquad \text{(Equação 3.5)}$$

em que:

P: potência absorvida da rede.

V: tensão de alimentação do circuito em volts.

I: corrente do circuito em ampère.

Com base nos tipos de cargas descritos anteriormente, a potência absorvida assume comportamentos distintos.

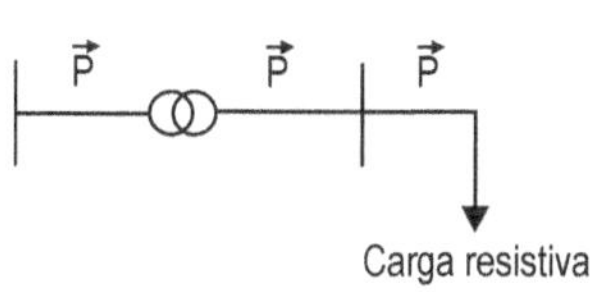

Figura 3.1 Potência consumida por carga puramente resistiva.

Nas cargas resistivas, toda a potência absorvida da rede é transformada em trabalho; por exemplo, o aquecimento da água no chuveiro elétrico. Ela é chamada de potência ativa, sendo expressa em W ou kW.

O Gráfico 3.5 apresenta o comportamento da potência ativa ao longo do tempo. É possível observar que o produto da tensão pela corrente é sempre um valor positivo, ou seja, maior do que zero.

Gráfico 3.5 Potência, tensão e corrente em circuito puramente resistivo.

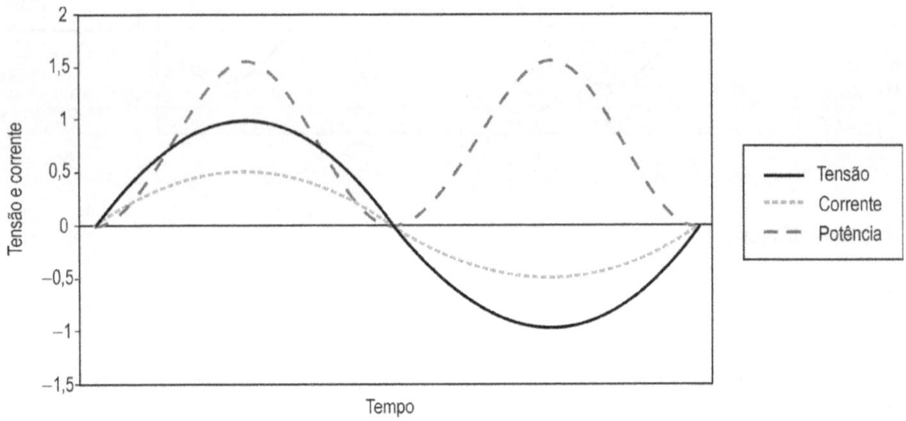

As cargas constituídas por componentes com comportamento reativo, sejam indutivos ou capacitivos, necessitam de uma corrente e, consequentemente, de uma potência chamada reativa. Essa potência absorvida da rede, a qual não realiza trabalho, é expressa em VAr ou kVAr.

O Gráfico 3.6 mostra as formas de onda conforme descrito anteriormente. Observe que uma parcela da potência absorvida da rede é negativa, ou seja, menor do que zero, e representa a potência que não realiza trabalho.

Gráfico 3.6 Potência, tensão e corrente em circuitos reativos.

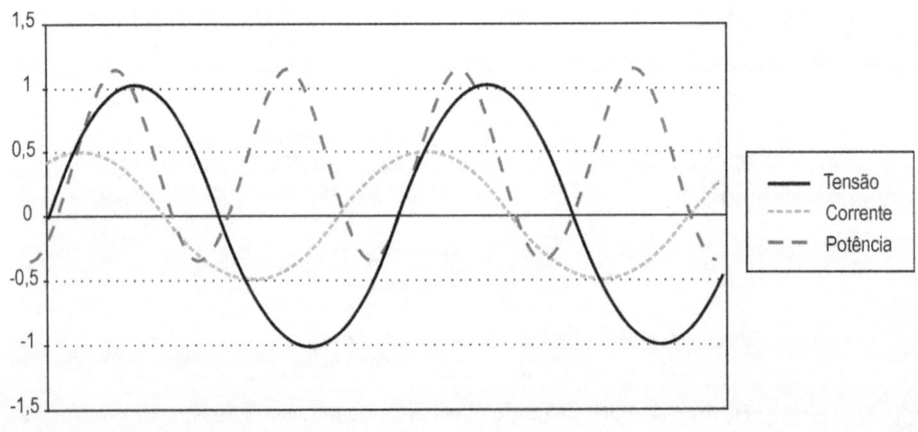

Somos obrigados a conviver com essa potência, que é proveniente do consumo de corrente que transita pelos condutores elétricos sem realizar trabalho, ocupando no sistema elétrico um espaço que poderia ser utilizado para fornecer mais energia ativa. Essa parcela da potência se desloca ora para a carga, ora para a fonte, ocupando lugar no sistema elétrico, conforme ilustrado na Figura 3.2.

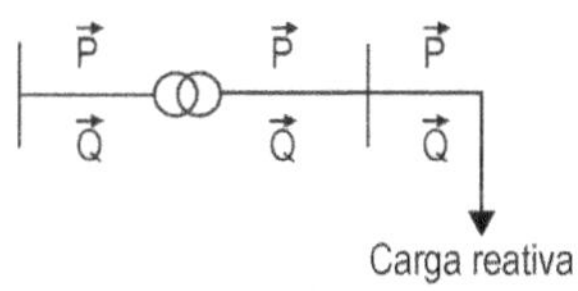

Figura 3.2 Representação do fluxo das potências ativa e reativa no sistema elétrico.

A maioria das cargas existentes nas unidades consumidoras consome energia reativa indutiva, como motores, transformadores, reatores para lâmpadas de descarga, fornos de indução, entre outros. As cargas indutivas necessitam de campo eletromagnético para seu funcionamento, por isso sua operação requer dois tipos de potência:

- **Potência ativa (P):** a potência que efetivamente realiza trabalho produzindo calor, luz, movimento etc.
- **Potência reativa (Q):** usada apenas para criar e manter os campos eletromagnéticos das cargas indutivas.

A soma vetorial (composição) das potências ativa e reativa resulta na potência aparente (S), também chamada potência total.

3.1.6 Fator de potência

Por definição, fator de potência é a razão entre a potência ativa e a potência aparente. Do ponto de vista da eficiência energética, um alto fator de potência indica uma eficiência alta; ao contrário, um fator de potência baixo indica baixa eficiência energética.

Para interpretar o fator de potência, utilizamos um triângulo retângulo para representar as potências e as relações existentes entre elas, como exibido na Figura 3.3.

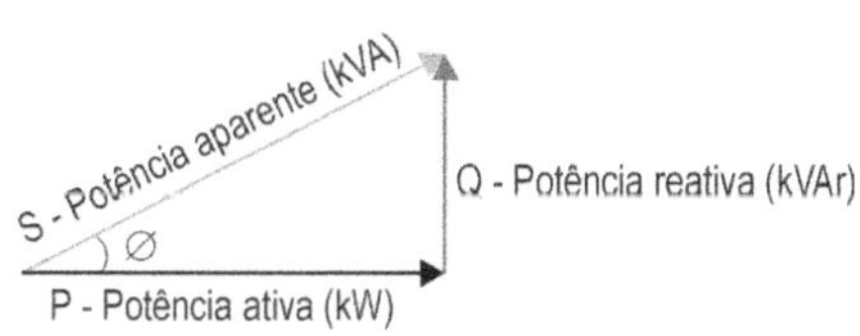

Figura 3.3 Triângulo das potências.

Então, teremos a seguinte fórmula:

$$FP = \frac{kW}{kVA} = \cos\varphi = \cos\left(\text{arc tg}\,\frac{kVAr}{kW}\right) \quad \text{(Equação 3.6)}$$

Multiplicando a potência pelo tempo, obtém-se a energia, que é medida em kWh no caso da energia ativa e kVArh para a energia reativa. A partir desses valores, é possível calcular o fator de potência pela seguinte fórmula:

$$FP = \frac{kW}{\sqrt{kWh^2 + kVArh^2}} \quad \text{(Equação 3.7)}$$

O fator de potência indutivo representa a forma de onda de corrente atrasada em relação à onda de tensão; caso contrário, o fator de potência é chamado capacitivo.

Outra forma empregada para conceituar o fator de potência é o cosseno do ângulo formado entre a potência ativa e a potência aparente de uma instalação.

Quanto menos cargas reativas estiverem presentes na instalação, menor será o ângulo φ (Figura 3.4). Caso a potência reativa seja muito pequena, o ângulo φ tenderá a 0°. O cosseno de 0° é 1, portanto, quanto menos cargas reativas, mais próximo a 1 será o fator de potência.

Considerando a situação contrária, em que é grande a concentração de cargas reativas na instalação, o ângulo φ aumenta, tendendo até um valor máximo de 90°, conforme a Figura 3.5. O cosseno de 90° é 0, portanto quanto mais cargas reativas estiverem presentes na instalação, mais baixo será o fator de potência, podendo chegar até valores próximos de 0.

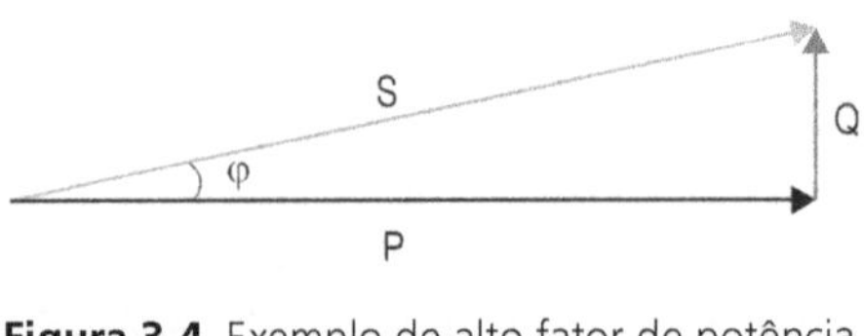

Figura 3.4 Exemplo de alto fator de potência.

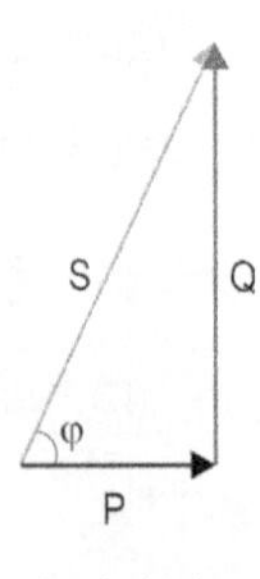

Figura 3.5 Exemplo de baixo fator de potência.

3.2 Causas de um baixo fator de potência

São muitos os fatores que causam o baixo fator de potência. A solução para adequar o fator de potência de uma instalação elétrica envolve o conhecimento e a análise dessas causas. Entre as principais causas, podemos citar:

- motores de indução operando em vazio, com pequenas cargas ou superdimensionados;
- transformadores operando em vazio ou com pequenas cargas;
- expressiva quantidade de lâmpadas de descarga;
- grande quantidade de motores em operação durante um longo período;
- cargas especiais com elevado consumo de reativo.

3.2.1 Motores de indução operando em vazio ou superdimensionados

Os motores de indução possuem a característica de consumir praticamente a mesma energia reativa operando em vazio ou a plena carga. A energia ativa, entretanto, é diretamente proporcional à carga mecânica aplicada ao eixo do motor. Quanto menor é a carga, menor é a energia ativa consumida e, consequentemente, menor é o fator de potência.

As cargas existentes nas instalações industriais são constituídas, em parte, por motores elétricos de indução, que influenciam o comportamento do fator de potência da instalação elétrica.

Gráfico 3.7 Fator de potência em função do carregamento do motor.

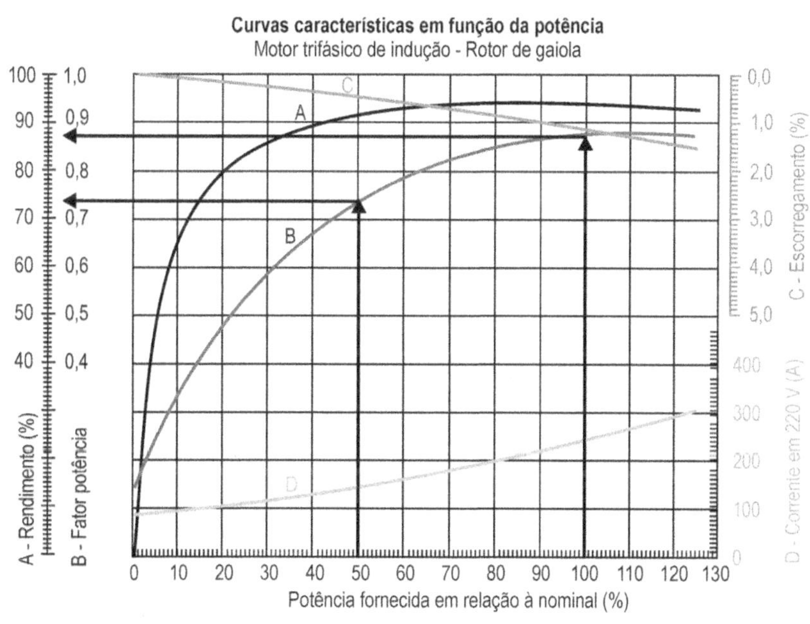

Segundo a curva do Gráfico 3.7, obtida de fabricantes de motores, é possível constatar que a potência reativa absorvida da rede, por um motor de indução, aumenta muito pouco desde sua operação em vazio até a plena carga. Contudo, a potência ativa absorvida da rede cresce à medida que se acopla carga ao eixo desse mesmo motor. Como resultado da variação das potências ativa e reativa, no funcionamento do motor, compreendendo a operação em vazio até a plena carga, teremos também a variação do fator de potência. A título de exemplo, ao reduzir 50% da carga nominal aplicada ao eixo de um motor de indução de 100 CV, o fator de potência cai de 0,88 para 0,74, enquanto a potência reativa, originalmente igual a 44,5 kVAr, é reduzida a 36,3 kVAr.

3.2.2 Transformadores operando em vazio ou com pequenas cargas

Os transformadores, analogamente aos motores, quando operando superdimensionados para a carga conectada, consomem grande quantidade de energia reativa, a qual é necessária para a magnetização do núcleo do transformador, quando comparada à energia ativa, originando um fator de potência baixo.

3.2.3 Lâmpadas de descarga

A lâmpada de descarga (vapor de mercúrio, vapor de sódio, fluorescentes etc.) emprega reator para seu funcionamento. Nas instalações elétricas que possuem um sistema de iluminação constituído por reatores eletromagnéticos, há uma contribuição para o baixo fator de potência.

3.2.4 Motores

A presença de um elevado número de motores pode gerar um baixo fator de potência, provocado pelo baixo rendimento desses motores e pelo baixo fator de potência do conjunto.

3.2.5 Cargas especiais com consumo de reativo

Algumas cargas presentes em ambientes industriais apresentam grandes consumos de energia reativa, contribuindo para a diminuição do fator de potência, entre elas:

- fornos a arco;
- fornos de indução eletromagnética;
- máquinas de solda a transformador;
- equipamentos eletrônicos.

3.3 Consequências do baixo fator de potência

Como visto anteriormente, a presença de reativos em um sistema elétrico resulta no aumento da corrente total, que circula nos condutores das unidades consumidoras. Tal fato impede aproveitar a instalação para transportar uma parcela maior de corrente elétrica destinada a gerar trabalho, chamada potência ativa.

O baixo fator de potência também provoca o aumento das quedas de tensão decorrentes das perdas atribuídas ao efeito Joule, proporcionais ao quadrado da corrente total que circula nos alimentadores.

$$P = R \times I^2 \qquad \text{(Equação 3.8)}$$

em que:

P: perda por efeito Joule em W.

R: impedância do condutor elétrico.

I: corrente total circulando em ampère.

Outras consequências decorrentes do baixo fator de potência presente na instalação são:

- limitação da capacidade dos transformadores, reduzindo a potência ativa disponível na instalação;
- necessidade de aumento da seção transversal dos condutores e, consequentemente, da capacidade dos equipamentos de manobra e de proteção, devido ao acréscimo de corrente consumida;
- aumento do valor total envolvido nas faturas de energia elétrica em função da energia reativa excedente registrada pela concessionária, em virtude de o fator de potência da instalação estar em desacordo com aquele imposto pela legislação.

3.4 Dimensionamento do banco de capacitores

A correção do fator de potência tratada neste livro visa à questão do faturamento de energia reativa excedente e considera aspectos operacionais da instalação da unidade consumidora, como liberação da capacidade de potência de transformadores, aumento da capacidade de condução dos cabos e redução das perdas.

O método normalmente empregado na adequação ou correção do fator de potência é a instalação de capacitores próximo das cargas. A associação de capacitores, denominada banco de capacitores, fornece energia reativa consumida pelas cargas indutivas.

Os capacitores são vistos como geradores de potência reativa. A instalação de capacitores permite, então, fornecer à rede a energia reativa consumida, aliviando os condutores da instalação para transportar quantidades maiores de energia ativa. A Figura 3.5 ilustra a situação descrita.

Embora para fins de análise de circuitos elétricos os capacitores sejam considerados "geradores de potência reativa", na verdade, eles não são geradores, mas elementos que acumulam energia na forma estática e que produzem potência reativa.

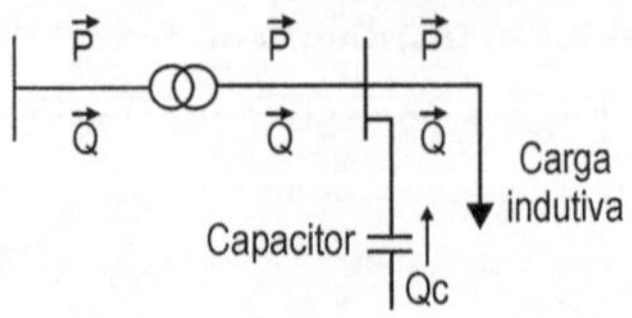

Figura 3.5 Carga com característica indutiva e a instalação de capacitor para gerar energia reativa.

A Figura 3.6 apresenta o triângulo das potências de uma instalação que drena da fonte a potência ativa P e a potência reativa Q1, totalizadas pela potência aparente S1. O capacitor fornece a potência reativa Qc, a qual não será absorvida da rede. Na referida figura, note que é mantida a potência ativa P, e a potência reativa resultante corresponde à potência que seria drenada da fonte pela carga reativa, subtraída da potência fornecida pelo capacitor.

A potência aparente final é representada pelo vetor S2, sendo possível constatar a redução do ângulo inicial entre a potência ativa e a potência aparente (Ø1) para o novo valor (Ø2).

Convém salientar outra conclusão que pode ser obtida da Figura 3.6. Quanto menor for o ângulo entre P e S, mais potência aparente é transformada em potência ativa e menores as perdas provocadas por cargas reativas.

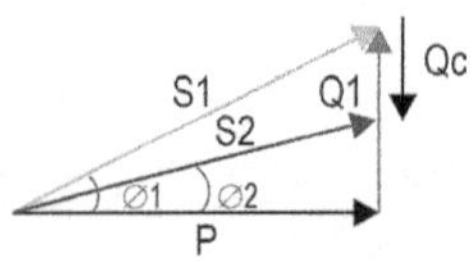

Figura 3.6 Potência consumida por carga indutiva.

Então, teremos a Equação 3.9:

$$Q1 = P \times tg\ Ø1$$

$$Qf = P \times tg\ Ø2$$

$$Qc = Q1 - Qf \qquad \text{(Equação 3.9)}$$

$$Qc = P \times tgØ1 - P \times tgØ2$$

$$Qc = P(tgØ1 - tgØ2)$$

em que:

QC: potência do capacitor a ser instalado em volt-ampère reativo [VAr].

Q1: potência reativa da rede antes da instalação de capacitores em volt-ampère reativo [VAr].

Qf: potência reativa da rede depois da instalação de capacitores em volt-ampère reativo [VAr].

P: potência ativa em watt [W].

Ø1: ângulo do fator de potência original.

Ø2: ângulo do fator de potência pretendido.

EXEMPLO

Uma empresa possui uma carga de 1.200 kW instalada. Verificou-se que o fator de potência é igual a 0,80 (indutivo). Qual é a potência reativa (kVAr) do banco de capacitores que, quando instalado, corrija o fator de potência para o valor de 0,92?

Solução:

- $\cos \varphi 1 = 0{,}80 \rightarrow \varphi 1 = \text{arccos}\,(0{,}80) = 36{,}87°$
- $\cos \varphi 2 = 0{,}92 \rightarrow \varphi 2 = \text{arccos}\,(0{,}92) = 23{,}07°$

Usando a Equação 3.9, temos a potência reativa a ser compensada pelo capacitor:

- $Qc = Q1 - Q2 = P \times (\text{tg}\varphi 1 - \text{tg}\varphi 2)$
- $Qc = 1.200\ \text{kW} \times [\text{tg}(36{,}87°) - \text{tg}(23{,}07°)] = 388{,}8\ \text{kVAr}$

Considerando módulos capacitivos de 50 kVAr cada, o número de capacitores no banco vale:

- $C = 388{,}8 / 50 = 7{,}7 \approx 8$ unidades
- $Qc = 8 \times 50 = 400$ kVAr

Na prática, utilizando a Tabela do Anexo A deste livro, que fornece multiplicadores, determinamos a potência reativa necessária, a partir da potência ativa, pela aplicação da Equação 3.9.

Para ilustrar o uso da Tabela do Anexo A, o exercício seria resolvido da seguinte maneira:

- Da tabela, obtém-se o valor 0,324 para o multiplicador, que devemos aplicar sobre a potência ativa (kW) da instalação, para obter a correção de 0,80 para 0,92.
- Portanto, kVAr necessário = 0,324 × 1.200 = 388,8.

Conforme o exemplo, para utilização da Tabela do Anexo A desta obra, procede-se da seguinte maneira: na coluna da esquerda, denominada fator de potência atual, escolhemos o valor do fator de potência inicial da instalação, proposto pelo exemplo como 0,80. Nas demais colunas, são apresentados os valores do fator de potência objeto da correção. A situação proposta prevê a correção para 0,92. A interseção da linha 0,80 com a coluna 0,92 resulta no multiplicador a ser considerado: no caso, 0,324.

Caso a situação proposta fosse para corrigir o fator de potência de 0,80 para 0,94, o multiplicador seria 0,387, como pode ser constatado. Recomenda-se que o dimensionamento de um banco de capacitores não seja efetuado considerando a correção para 0,92, mas para um valor superior, com o objetivo de que haja uma folga em relação ao limite imposto pela Aneel.

3.5 Tipos de banco de capacitor

A compensação de energia reativa necessária a um sistema elétrico pode ser feita pela instalação de capacitores, observando as seguintes possibilidades:

- banco fixo;
- sistemas semiautomáticos (timers);
- sistemas automáticos (controladores).

3.5.1 Banco fixo

Utilizamos bancos capacitivos fixos nas instalações elétricas dotadas de equipamentos em que se conhece o perfil de funcionamento do sistema produtivo e, consequentemente, o quantitativo de kVAr para a compensação reativa em cada carga. A quantidade de reativos fornecidos para a melhoria do fator de potência não varia durante o período de operação da instalação.

A utilização de capacitores fixos constitui a solução mais econômica. A Figura 3.7 ilustra o modelo mais simples de comando de um banco de capacitores trifásico por contator tripolar.

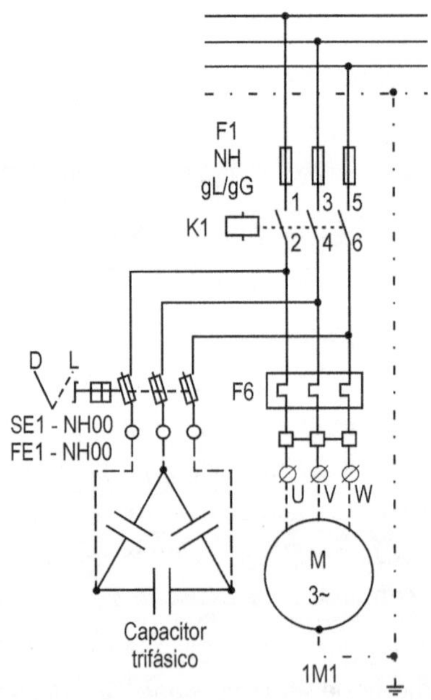

Figura 3.7 Modelo para correção do fator de potência utilizando o mesmo contator de acionamento da carga.

A utilização clássica de banco fixo é sua aplicação na correção de motores. Constitui a situação comumente encontrada em instalações industriais quando se utilizam os contatores de comando da carga para acionamento do banco de capacitores. Dessa forma, os capacitores somente estarão ligados quando a carga também estiver.

3.5.2 Sistemas semiautomáticos

A compensação de energia reativa por meio do sistema semiautomático é obtida pela utilização de programadores horários ou timers, acionando ou desligando, na hora programada, contatores que conectam ou desconectam o banco de capacitores.

3.5.3 Sistemas automáticos

Recomenda-se a utilização da compensação automática nas instalações em que perfil de funcionamento do sistema produtivo é extremamente variável ao longo do dia ou, ainda, dotadas de equipamentos que produzem variações pronunciadas no valor do fator de potência.

O sistema automático de correção do fator de potência consiste na utilização de um dispositivo conhecido como controlador, que possui a propriedade de calcular o fator de potência da instalação, utilizando os sinais que recebe provenientes do emprego de transformadores de corrente (TCs).

A saída do controlador é normalmente interligada a contatores especiais, que são os responsáveis pelo acionamento ou pelo desligamento dos capacitores, permitindo fornecer a quantidade necessária de reativos diante das necessidades da instalação.

Os estágios do banco de correção do fator de potência são constituídos por capacitores com valores padronizados, como 10 kVAr, 12,5 kVAr, 25 kVAr e 50 kVAr. Para obter mais controle da potência reativa fornecida à instalação, os estágios podem possuir valores diferentes, com o objetivo de evitar o chaveamento contínuo em função de pequenas variações no fator de potência.

3.6 Escolha da localização dos capacitores

Vários fatores devem ser considerados na escolha da localização dos capacitores, ao longo da instalação elétrica, como composição e distribuição das cargas, funcionamento das cargas, comprimento dos circuitos, entre outros.

Os capacitores devem ser instalados o mais próximo da carga, embora nem sempre seja possível por conta de fatores econômicos e executivos.

Os capacitores podem ser localizados das seguintes maneiras:

- **Em alta tensão:** geralmente, os capacitores instalados em alta tensão são fixos ou de acionamento manual devido aos altos custos envolvidos no chaveamento. A instalação de capacitores no primário de um transformador não libera capacidade no secundário desse equipamento.
- **Na entrada da energia de baixa tensão:** essa alternativa resulta em uma correção bastante significativa e normalmente emprega bancos automatizados de capacitores. Esse tipo de correção é utilizado em instalações dotadas de grande número de cargas com potências diferentes e perfil de funcionamento pouco uniforme.

- **Junto dos grupos de cargas:** contempla a instalação do banco de capacitores para corrigir o fator de potência de um conjunto de equipamentos com características uniformes. Os capacitores são instalados junto do quadro de distribuição de onde se origina a alimentação dos equipamentos, normalmente de pequeno porte, para os quais não se justifica técnica e financeiramente a correção individual. Vale lembrar que nesse método de correção não ocorre a diminuição dos valores de corrente nos circuitos alimentadores de cada equipamento, como acontece na correção localizada.
- **Junto da carga ou correção localizada:** constitui a melhor solução técnica em razão da obtenção dos seguintes resultados:
  - liberação de capacidade nos transformadores;
  - redução das perdas nos circuitos alimentadores e, por consequência, aumento da tensão junto da carga;
  - a potência reativa é gerada somente onde é necessário;
  - facilidade de dimensionamento e escolha do capacitor adequado para a carga.
- **Correção mista:** é a solução empregada para atendimento dos aspectos técnicos, executivos e financeiros. Contempla a instalação de capacitores no secundário dos transformadores, a correção local efetuada em pequenas cargas e a correção empregada nos painéis de alimentação de um grupo de cargas.

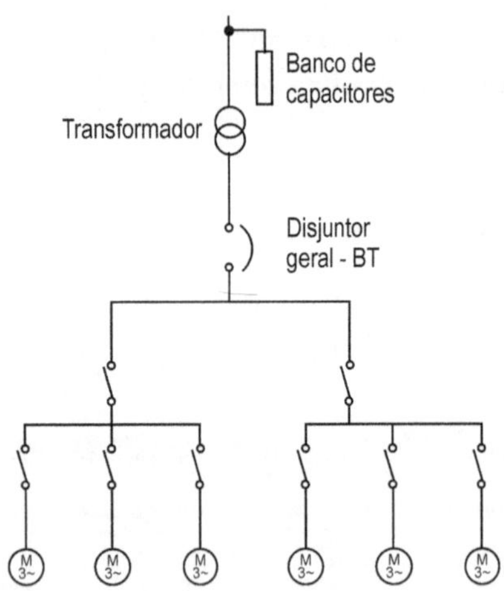

Figura 3.8 Modelo de correção na entrada em alta-tensão.

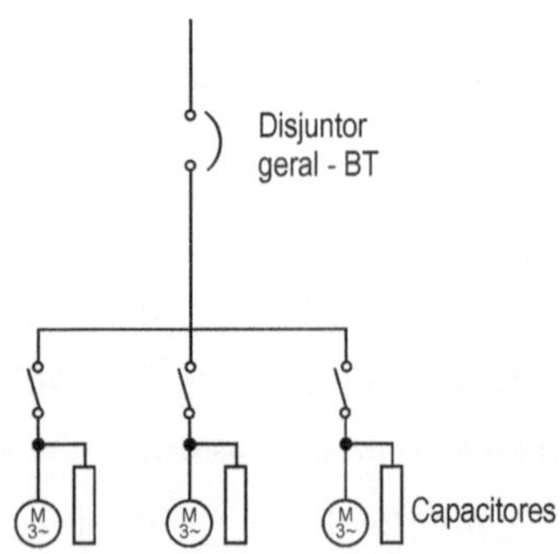

Figura 3.9 Modelo de correção individual.

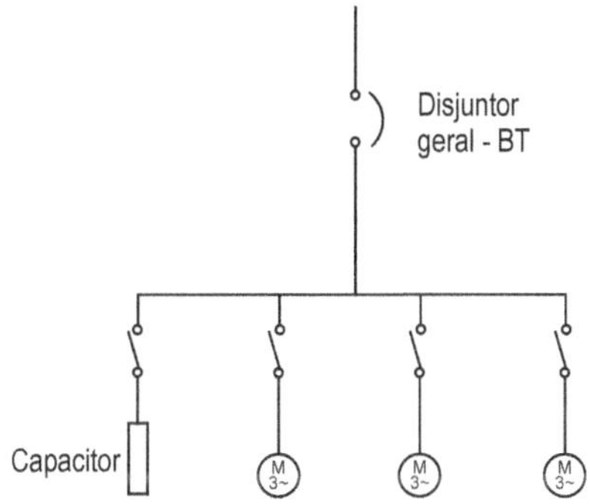

Figura 3.10 Modelo de correção para grupo de cargas.

O banco de capacitor automático possui um controlador de acionamento dos estágios, o qual monitora constantemente o fator de potência da instalação. Para realizar essa medição, ele precisa receber as informações de tensão e corrente.

A informação de tensão é obtida do próprio circuito de alimentação do banco de capacitor. Os parâmetros de corrente são obtidos por um transformador de corrente (TC). É de suma importância a escolha adequada da localização do TC, pois uma instalação inapropriada causa uma medição errada do fator de potência.

A Figura 3.11 ilustra o trecho da instalação elétrica onde deve ser instalado o transformador de corrente associado ao controlador.

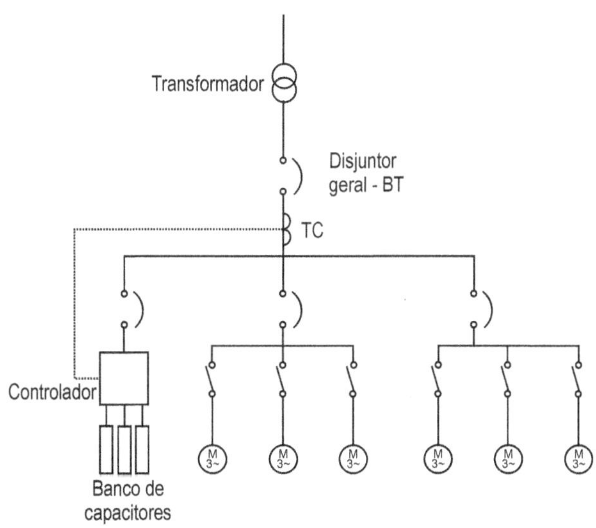

Figura 3.11 Modelo de correção empregando banco automático e localização do TC do controlador.

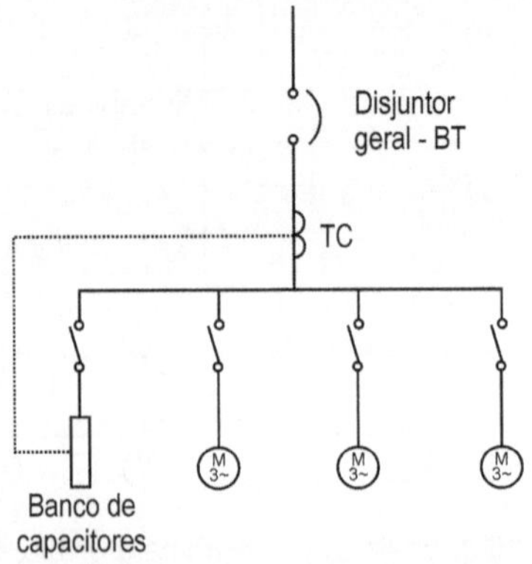

Figura 3.12 Trecho da instalação onde deve ser instalado o TC do controlador para correção do fator de potência empregando banco automático.

ATIVIDADES

1. Defina:

a) Fator de potência.

b) Potência ativa (P).

c) Potência reativa (Q).

2. Cite cinco fatores que causam o baixo fator de potência nas instalações elétricas.

3. Quanto ao regime de operação, como se classificam os bancos de capacitores?

4. Uma empresa possui instalada uma carga de 500 kW. Verificou-se que o fator de potência é igual a 0,85 (indutivo). Qual é a potência reativa (kVAr) do banco de capacitores que, quando instalado, corrija o fator de potência para o valor de 0,95?

CAPÍTULO 4

Diagnóstico Energético

Em um mercado cada vez mais competitivo, o gerenciamento apurado dos custos operacionais de uma empresa é fundamental para a manutenção da competitividade e da sua saúde financeira.

A energia elétrica é um dos custos significativos de uma empresa e requer atenção especial por ser um bem imprescindível para o funcionamento de qualquer processo ou operação.

O gerenciamento apropriado da utilização da energia elétrica passa invariavelmente pela realização de um diagnóstico da instalação, que servirá de base para a realização das análises da utilização eficiente ou não dessa energia.

É recomendável que esse diagnóstico seja realizado com base em conceitos teóricos e práticos fundamentados e selecionados especificamente para as características da instalação em estudo.

Existem alguns aspectos gerais que se aplicam para qualquer instalação e podem servir de base para a elaboração de um diagnóstico energético. É de suma importância identificar e quantificar as perdas de energia existentes na instalação.

Esse diagnóstico deve avaliar toda a utilização de energia da instalação, podendo, inclusive, realizar um estudo prospectivo de racionalização da utilização dessa energia. Caso seja desenvolvido esse estudo técnico, é essencial também a sua complementação com uma análise de viabilidade financeira.

O diagnóstico pode ser realizado abrangendo todas as fontes de energia de uma empresa, ou exclusivamente, no que se refere ao estudo da utilização da energia elétrica.

A elaboração de um diagnóstico energético pode conter a seguinte sequência:

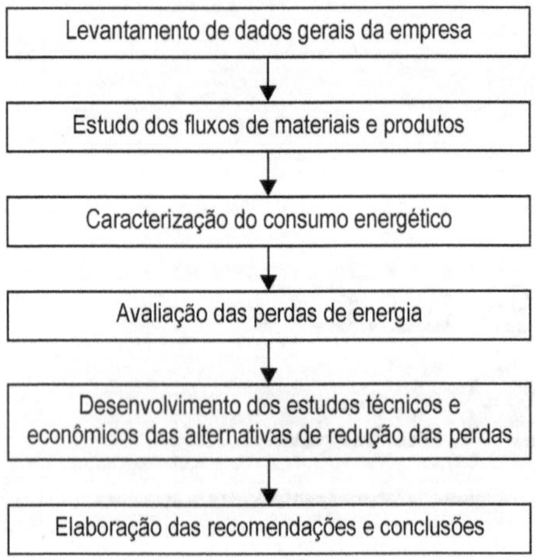

- **Levantamento de dados gerais da empresa:** é a primeira etapa, mas não menos importante, afinal, dados coletados erroneamente resultarão em uma conclusão imprecisa. Alguns dados são concretos para serem levantados, como dados de placa de equipamentos, mas os hábitos de utilização são informações que devem ser coletadas com as pessoas que trabalham no local. Nesses casos, é importante garantir a precisão e a confiabilidade dos dados informados.
- **Estudo dos fluxos de materiais e produtos:** esse item se aplica especialmente ao setor industrial, no qual o consumo de energia está associado ao processo produtivo. Nesse caso, é fundamental conhecer o funcionamento desse processo. Com esse estudo, pode-se buscar otimizar algum fluxo de modo a proporcionar economia de energia.
- **Caracterização do consumo energético:** essa etapa inicia-se com a identificação de todos os dados de placa e catálogos dos equipamentos que consomem energia na instalação. Complementarmente, deve ser considerada a forma de utilização dos equipamentos envolvidos, visando saber como ocorre o consumo de energia. Em alguns casos, é possível coletar dados dos controladores existentes nos equipamentos ou instalar equipamentos próprios, para medir o consumo de energia, por um breve período.
- **Avaliação das perdas de energia:** a comparação entre os dados de consumo dos equipamentos individualmente com o consumo da instalação como um todo permite identificar e mapear as perdas de energia existentes. O levantamento realizado na etapa anterior também ajuda identificar se os equipamentos existentes utilizam ineficientemente a energia que consomem.
- **Desenvolvimento dos estudos técnicos e econômicos das alternativas de redução das perdas:** com todos os dados coletados, é possível identificar os potenciais de redução das perdas e apontar os equipamentos e processos que podem funcionar de forma mais

eficiente. Esse estudo técnico deve ser acompanhado de uma análise financeira para avaliar se a substituição de equipamentos ou modificação do processo é viável.

- **Elaboração das recomendações e conclusões:** o resultado de todos os estudos e levantamentos deve ser resumido com as recomendações de medidas a serem adotadas e com as conclusões dos resultados que devem ser alcançados após a sua implantação.

A título de sugestão, o relatório elaborado pelo diagnóstico energético pode conter a seguinte estrutura:

1. Resumo executivo

2. Empresa (localização e descrição dos processos)

3. Estudos energéticos (diagramas, características, estudo das perdas)

  3.1 Sistemas elétricos

    a) Levantamento da carga elétrica instalada

    b) Análise das condições de suprimento (qualidade de energia, fator de potência)

    c) Estudo do sistema de distribuição (desequilíbrios, variações de tensão)

    d) Estudo do sistema de iluminação

    e) Estudo de motores elétricos e outros usos finais

  3.2 Sistemas térmicos e mecânicos

    a) Estudo do sistema de climatização

    b) Estudo do sistema de geração e distribuição de vapor

    c) Estudo do sistema de bombeamento e tratamento de água

    d) Estudo do sistema de compressão e distribuição de ar comprimido

  3.3 Balanços energéticos

4. Análise de racionalização de energia (estudos técnico-econômicos das alterações propostas nos usos finais)

5. Diagrama de Sankey atual e prospectivo

6. Recomendações

7. Conclusões

8. Anexos (figuras, esquemas, tabelas de dados, diagramas)

Considerando o uso final da energia elétrica, serão apresentadas nos próximos tópicos as técnicas para tornar mais eficiente a utilização dos sistemas de iluminação, ar-condicionado, força motriz e aquecimento de água.

4.1 Sistema de iluminação eficiente

A luz é uma forma de energia que se propaga por meio de ondas eletromagnéticas à velocidade de 300.000 km/s, produzindo uma sensação visual. O olho humano é capaz de perceber apenas uma pequena parcela da larga faixa de frequências chamada espectro da luz.

A luz é um elemento importante e indispensável ao ser humano. Prova disso é o desenvolvimento tecnológico alcançado pelos sistemas de iluminação, como exemplo os LEDs que cresceram muito na década de 2010, passando a dominar este mercado, diversificando os componentes para aplicações específicas.

A cada dia aumenta a preocupação com a escassez e os custos da energia elétrica, forçando-nos a buscar alternativas mais econômicas.

Considerando o conceito de qualidade da iluminação, é sabido que constitui um fator importante para o bom desempenho da atividade executada no ambiente iluminado.

Na maioria das vezes, os investimentos são destinados às máquinas e aos equipamentos, desprezando os sistemas de iluminação.

Os problemas mais frequentes relacionados à iluminação consistem em:

- aproveitamento inadequado da iluminação natural;
- utilização de equipamentos com baixa eficiência luminosa;
- utilização de equipamentos e lâmpadas inadequados em função da atividade e do local;
- falta de comandos para acionamento de grupo de luminárias;
- ausência de manutenção preventiva, o que leva a comprometer a eficiência do sistema;
- comportamento dos usuários;
- desconhecimento de conceitos luminotécnicos;
- fatores relacionados com o ambiente, como layout e disposição e cor das divisórias, cor do piso, teto e paredes e mobiliário etc.;
- ausência de manutenção preventiva nos equipamentos de iluminação, que contemple a limpeza e a substituição de componentes defeituosos ou com funcionamento irregular.

4.1.1 Conceitos de iluminação

Para compreensão do tema, é de fundamental importância o domínio dos termos e das grandezas envolvidos no sistema de iluminação. Os principais são destacados a seguir.

- **Fluxo luminoso (φ):** é a quantidade de luz emitida por uma fonte, na tensão nominal de funcionamento. Sua unidade é o lúmen (lm).
- **Intensidade luminosa (I):** representa o fluxo luminoso irradiado na direção de determinado ponto. A unidade que o representa é a candela (cd).
- **Iluminância ou iluminamento (E):** define-se como o fluxo luminoso de uma fonte de luz (expresso em lúmen) incidindo sobre uma superfície considerando a área (m^2). Sua unidade

é o lux (lx). Na prática, é a quantidade de luz dentro de um ambiente e pode ser medida com o auxílio de um luxímetro. Como o fluxo luminoso não é distribuído uniformemente, a iluminância não será a mesma em todos os pontos da área em questão.

- **Eficiência luminosa ou eficiência energética (K):** a diferenciação entre as lâmpadas pode ser estabelecida comparando o fluxo luminoso irradiado e a potência absorvida da rede. Para a comparação entre lâmpadas, devemos conhecer o fluxo luminoso gerado e a potência consumida. A eficiência luminosa é representada pela unidade lúmen por watt (lm/W). Quanto maior é essa relação, em determinada lâmpada, maior é a quantidade de luz produzida com o mesmo consumo.
- **Índice de reprodução de cor (IRC):** o olho humano capta a luz refletida por um corpo. Em outras palavras, para visualizarmos um objeto, é necessário que incida luz sobre ele e uma parcela da luz incidente seja refletida. O índice de reprodução de cor é a correspondência entre a cor real de um objeto e sua aparência diante de determinada fonte de luz, tendo como parâmetro de comparação a luz do sol. Na prática, o IRC varia de 0 a 100, classificando a capacidade de uma fonte de luz reproduzir as cores quando comparada com a luz solar, que, por definição, possui o IRC igual a 100. Lâmpadas com índice de 100% apresentam as cores com total fidelidade e precisão. Quanto mais baixo é o índice, mais deficiente é a reprodução de cores. Os índices variam conforme a natureza da luz e são indicados de acordo com o uso de cada ambiente.
- **Espectro visível:** é uma faixa de radiação que ocorre em um intervalo, com comprimento de ondas que vão de 380 nm (nanômetros) a 780 nm. Os extremos da escala correspondem, respectivamente, às cores violeta e vermelha, passando pela azul, verde e amarela.
- **Temperatura de cor:** é a grandeza que expressa a aparência de cor da luz. Quanto mais alta é a temperatura de cor, mais branca é a cor da luz. A unidade de medida da temperatura de cor é o kelvin (K). Dentro do espectro visível, a luz quente é aquela que possui aparência amarelada e temperatura de cor menor ou igual a 3.000 K. A luz fria, por sua vez, tem aparência azul-violeta, com temperatura de cor maior do que 6.000 K. O parâmetro de comparação é a luz branca natural, emitida pelo sol em céu aberto ao meio-dia, cuja temperatura de cor é 5.800 K.
- **Ofuscamento:** corresponde ao efeito de uma luz forte no campo de visão do olho humano, a qual pode provocar sensação de desconforto e prejudicar o desempenho das atividades realizadas no local.

4.1.2 Componentes do sistema de iluminação

A avaliação do sistema de iluminação compreende uma etapa importante no gerenciamento de energia e no uso racional de energia elétrica, focos desta publicação. A seguir, são apresentados alguns dos componentes de um sistema de iluminação, suas características e, quando aplicável, o princípio de funcionamento.

4.1.2.1 Lâmpadas

Constituem um dos mais importantes componentes do sistema de iluminação. A escolha correta pode atribuir, além de conforto visual, economia de energia elétrica. A eficiência luminosa, o índice de reprodução de cores e a vida útil são os aspectos que mais contribuem para a eficiência energética de um sistema de iluminação, seja na elaboração de projetos, reformas ou na implantação de programas de conservação e uso eficiente de energia.

- **Lâmpadas incandescentes:** o princípio de funcionamento da lâmpada incandescente é a passagem da corrente elétrica pelo filamento de tungstênio, o que, com o aquecimento, gera luz. A presença de gás inerte constituído por argônio ou nitrogênio ou, ainda, vácuo dentro do bulbo, evita a oxidação do filamento, aumentando a eficiência. Possui temperatura de cor próxima de 2.700 K (amarelada) e IRC de 100%. Sua aplicação característica é predominantemente residencial. Este tipo de lâmpada não é mais comercializado para utilização geral da população; sua utilização é permitida apenas em aplicações especiais.
- **Lâmpada halógena:** possuem o mesmo princípio de funcionamento das lâmpadas incandescentes, acrescidas de gases halógenos, resultando em uma lâmpada que possui maior vida útil, menor dimensão e maior eficiência energética do que as lâmpadas incandescentes. Tanto a lâmpada incandescente comum quanto a halógena podem ser utilizadas em conjunto com dimmers para ajuste da intensidade. A característica construtiva permite ajustar e dirigir o foco.
- **Lâmpadas fluorescentes compactas:** são lâmpadas amplamente utilizadas na iluminação residencial, para aplicações comuns e simples. Dentre suas principais características destacam-se:
  - são aplicáveis em ambientes em que a reprodução de cores é fator importante, pois possuem IRC de 85%;
  - excelente vida útil;
  - são recomendáveis em ambientes dotados de climatização devido à baixa dissipação de calor, resultando em menor sobrecarga dos sistemas de ar condicionado.
- **Lâmpadas fluorescentes tubulares:** constituem o tipo clássico de lâmpada para iluminação nas mais diversas aplicações. A evolução desse tipo de lâmpada nos últimos anos promoveu redução no seu diâmetro e aumento na sua eficiência, conforme é possível observar na Tabela 4.1.

Tabela 4.1 Evolução das lâmpadas fluorescentes tubulares

Tipo	Comprimento	Diâmetro	Potência	Fluxo
T12	1.200 mm	38 mm	40 W	2.700 lm
T10	1.200 mm	33 mm	40 W	2.700 lm
T8	1.200 mm	26 mm	32 W	3.050 lm
T5	1.149 mm	16 mm	28 W	2.900 lm

A redução do diâmetro da lâmpada proporciona um ganho quando aplicada em uma luminária, pois esse diâmetro menor reduz a sombra da própria lâmpada sobre a luz refletida pela luminária, como indica a Figura 4.1. Dessa forma, a luminária consegue refletir para baixo uma parcela da luz maior do que a lâmpada emite para cima.

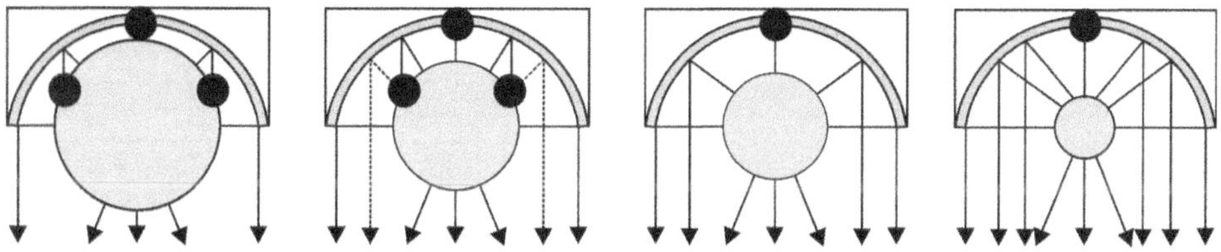

Figura 4.1 Rendimento da luminária em função do diâmetro da lâmpada.

- **Lâmpada a vapor de mercúrio:** essas lâmpadas produzem energia visível na região do azul e do ultravioleta, de maneira semelhante às lâmpadas fluorescentes. O revestimento de fósforo aplicado no bulbo converte o ultravioleta em luz visível. O funcionamento das lâmpadas a vapor de mercúrio depende da utilização de um reator específico para controlar a corrente e a tensão de operação.
- **Lâmpada mista:** é constituída pela associação de uma lâmpada a vapor de mercúrio a uma lâmpada incandescente, encapsuladas por um bulbo na forma ovoide. Dentro do bulbo, há um gás que reage com a parede interna do bulbo, que é revestido de fósforo.
- **Lâmpada a vapor de sódio:** é indicada para iluminação de locais onde a reprodução de cor não é um fator importante. Para sua operação, são necessários reatores e ignitores. Essa lâmpada é usual na iluminação pública e apresenta um tom amarelado.
- **Lâmpada de vapor metálico:** constitui uma fonte de luz com excelente reprodução de cores. Essa fonte de luz possui elevado nível de eficiência energética na conversão da energia elétrica em luminosidade. Para seu funcionamento, é necessário utilizar um reator para controlar a tensão e a corrente de operação e um ignitor para a partida.
- **Características técnicas das lâmpadas:** um dos principais critérios para seleção da lâmpada a ser utilizada refere-se à temperatura de cor. Uma lâmpada com temperatura de cor mais baixa, por volta dos 3.000 K, aparenta emitir luz em tom amarelado. A temperatura de cor próxima a 5.000 K apresenta um tom muito próximo do branco, e a temperatura de cor de 6.500 K ou maior faz com que a lâmpada aparente emitir uma luz em tom azulado. A Figura 4.2 ilustra os diferentes valores de temperatura de cor.

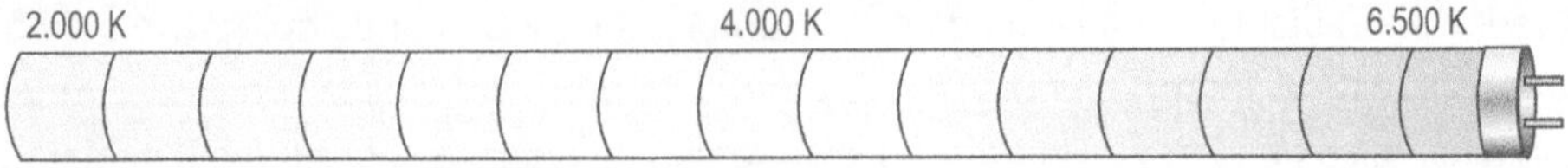

Branca amarelada	Branca neutra	Branca azulada
	Temperatura de cor	
Entre 2.000 K e 3.500 K	Entre 3.500 K e 4.500 K	Entre 4.500 K e 6.500 K
	Características das tonalidades	
Luz convidativa que gera a sensação de ambiente aconchegante, calmo e quente	Ilumina o ambiente de forma natural, sem influenciar na aparência de cor original	Passa a sensação de ambiente frio, limpo e dinâmico
	Algumas sugestões de aplicações	
Residências Abajures Jardins etc.	Escritórios Jardins Estabelecimentos comerciais etc.	Hospitais Cozinhas Banheiros etc.

Lâmpadas Sylvania

Figura 4.2 Comparativo de temperatura de cor de lâmpadas fluorescentes tubulares.

O índice de reprodução de cor também deve ser observado no momento de selecionar a lâmpada. As atividades que demandam precisão elevada na reprodução de cor devem ter lâmpadas com o IRC próximo a 100%, como é o caso de um hospital, onde o médico utiliza a identificação da cor da pele como um dos itens de análise do estado do paciente.

A iluminação pública das ruas não requer um elevado índice de reprodução de cor, pois não há necessidade de as cores reproduzirem o seu tom verdadeiro.

Uma vez selecionados a temperatura de cor e o IRC adequados, deve-se levar em consideração que a lâmpada seja eficiente. Esse fator é identificado pela potência da lâmpada, que é a razão do seu fluxo luminoso em lúmens pela sua potência em watts, apresentando o índice de lúmens/watt (lm/W).

Os LEDs não são considerados lâmpadas, porém são fontes de luz com elevado nível de eficiência, equivalente aos níveis das lâmpadas vapor de sódio e, em algumas situações, até mesmo superior.

Gráfico 4.3 Quadro comparativo da eficiência luminosa de diferentes modelos de lâmpadas.

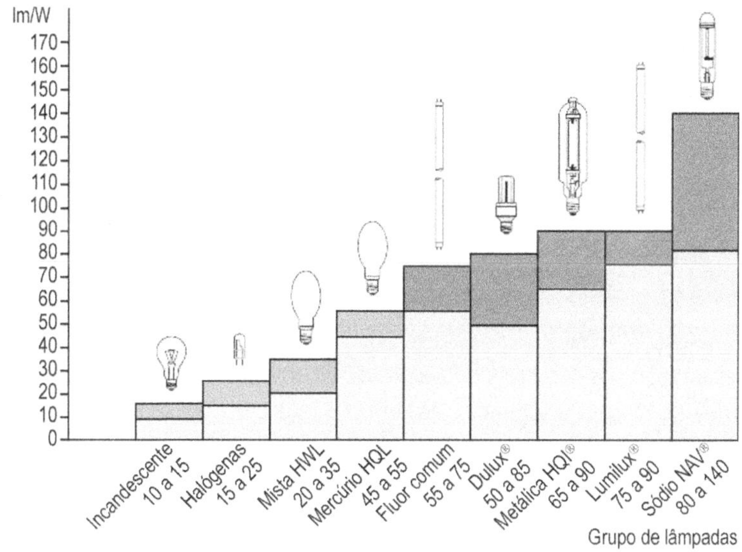

4.1.2.2 Luminárias

A principal função das luminárias é direcionar o fluxo luminoso gerado pelas lâmpadas por meio de superfícies refletoras, difusores, aletas etc.

O modelo eficiente de luminária otimiza o desempenho do sistema de iluminação, controla o fluxo luminoso e reduz o ofuscamento. Na avaliação da luminária, deve-se levar em consideração os dispositivos utilizados na proteção das lâmpadas, o tipo de material empregado na sua fabricação, a forma e a refletância de suas superfícies, bem como a facilidade na instalação e em manutenções futuras.

O tipo e a qualidade das superfícies reflexivas existentes nas luminárias e nos projetores, que podem ser esmaltadas, anodizadas ou peliculares, são responsáveis pela eficiência da iluminação.

São requisitos básicos de uma luminária:

- proporcionar suporte e conexão elétrica para as lâmpadas;
- controlar e distribuir o fluxo luminoso gerado pelas lâmpadas;
- manter a temperatura de operação das lâmpadas dentro de limites prefixados;
- permitir a fácil instalação das lâmpadas e de outros equipamentos;
- possibilitar a fácil manutenção;
- ser adequada ao ambiente, considerando a aparência e as influências externas;
- refletir para o plano de trabalho o máximo possível do fluxo luminoso emitido pela lâmpada.

No caso do emprego do LED, em geral, não há necessidade de a luminária realizar a reflexão, pois os LEDs já emitem luz de forma direcionada. Contudo, nessas aplicações ainda se faz necessária a utilização da luminária para realizar a fixação da fonte de luz que utiliza o LED, suportar o driver (quando ele já não está incorporado no LED) e realizar o acabamento no teto.

4.1.2.3 Reatores

Os reatores são utilizados para aumentar a tensão durante a ignição da lâmpada e reduzir a intensidade da corrente elétrica durante o funcionamento da lâmpada. Podem ser eletromagnéticos ou eletrônicos.

Os reatores eletromagnéticos são constituídos de um núcleo de ferro, bobinas de cobre e capacitores para correção do fator de potência. Devido às suas características construtivas, podem apresentar a emissão de ruído audível, efeito flicker e carga térmica elevada.

Os reatores eletrônicos são mais eficientes do que os eletromagnéticos na conversão de potência elétrica em potência luminosa. No entanto, deve ser avaliada a qualidade do produto, principalmente no que diz respeito ao fator de potência.

Para o acionamento das lâmpadas a vapor de sódio e a vapor metálico, é empregado, além do reator, o componente denominado ignitor, que gera um pico de tensão nos eletrodos da lâmpada, desligando-se automaticamente após a partida.

4.1.2.4 Sensor de presença

Em algumas situações, a utilização de sensores de presença no sistema de iluminação resulta na redução do consumo de energia elétrica. É empregado nos ambientes onde a ocupação não é contínua, mantendo a iluminação desligada quando não há utilização do espaço.

4.1.2.5 Relé fotoelétrico

É constituído por um dispositivo sensível à luz natural. Na ausência da luz solar, o sistema de iluminação é acionado e vice-versa.

4.1.2.6 Minuterias

A minuteria permite ao usuário efetuar o acionamento de um grupo de lâmpadas por tempo preestabelecido. Decorrido o tempo programado, o temporizador desativa as lâmpadas, evitando o desperdício de energia elétrica.

4.1.2.7 Dimmers

Empregando um circuito eletrônico, os dimmers regulam a tensão fornecida à lâmpada e, consequentemente, a luminosidade. Esse equipamento é associado a lâmpadas halógenas. Alguns modelos de reatores eletrônicos possuem incorporada a função do dimmer, o que permite o controle de luminosidade em lâmpadas fluorescentes.

4.1.3 Projeto eficiente de iluminação

Um sistema de iluminação eficiente deve considerar a utilização da iluminação natural, o que é facilitado em função das condições climáticas presentes no País.

A escolha do sistema de iluminação adequado constitui uma importante tomada de decisão, uma vez que, em alguns casos, está intimamente relacionado com a climatização dos ambientes.

Na verdade, o projeto de iluminação eficiente começa no próprio projeto arquitetônico do local. A iluminação dos ambientes pode ser considerada uma combinação harmoniosa entre a iluminação natural e a iluminação artificial, fato que, além do conforto, pode contribuir para a redução do consumo de energia.

Embora esteja intimamente ligado a conceitos de arquitetura, se por um lado o emprego de grandes painéis ou fachadas de vidro contribui no aproveitamento da luz natural, por outro, provoca o aumento da carga térmica do ambiente, decorrente do efeito estufa, sobrecarregando os sistemas de climatização artificial.

A iluminação eficiente e adequada também está intimamente ligada à ventilação dos ambientes e aos componentes integrantes da construção da edificação.

Na prática, devem ser aproveitados ao máximo a proximidade com janelas, a instalação de domos transparentes e o emprego de divisórias constituídas por painéis de vidros transparentes, os quais permitem aproveitar, nos corredores, parte do iluminamento gerado nas salas, garantindo a uniformidade da iluminação.

É possível afirmar, portanto, que a eficiência dos sistemas de iluminação está relacionada com as características construtivas da edificação e com o rendimento dos elementos componentes do sistema de iluminação.

O projeto luminotécnico bem-elaborado considera os seguintes aspectos em função das atividades desenvolvidas no local:

- o índice de reprodução de cores requerido e, consequentemente, o tipo de fonte de luz;
- as características dos reatores, considerando as perdas internas e o fator de potência;
- o tipo adequado e as características das luminárias a serem empregadas;
- o dimensionamento do número de circuitos de acionamento;
- o aproveitamento máximo da luz natural;
- as cores destinadas às superfícies internas;
- a execução de manutenção preventiva e corretiva, considerando os custos envolvidos;
- o nível de iluminamento no plano de trabalho.

O sistema de iluminação eficiente envolve a escolha criteriosa do tipo de lâmpada e os aparelhos de iluminação para que as condições de projeto sejam mantidas e não se degradem demasiadamente ao longo do tempo.

Assim, os resultados esperados contemplam investimentos adequados para a implantação do sistema de iluminação e a economia de energia elétrica pelo emprego de equipamentos adequados e corretamente dimensionados.

Os níveis de iluminamento dos ambientes podem ser obtidos em normas técnicas brasileiras e internacionais, como a NBR 8995, que estabelece os valores de iluminância mínimos para iluminação de interiores.

A importância de definir o nível adequado de iluminação está associada a possíveis exageros que provoquem, além do ofuscamento, mal-estar e desconforto ao usuário.

4.1.4 Retrofit – substituição do sistema existente

A iluminação adequada proporciona conforto visual, produtividade e exibe adequadamente produtos expostos nos estabelecimentos comerciais.

O trabalho de substituição de um sistema de iluminação deve começar com o levantamento criterioso da situação atual, considerando, entre outros aspectos, as características do ambiente e da instalação elétrica, o horário e a forma de utilização do sistema de iluminação.

Durante a fase de levantamento, observa-se a cor de pisos, paredes e teto, a qual deve ser clara. Outros fatores importantes são a forma de aproveitamento da iluminação natural, o tipo de lâmpada e de luminária empregado, considerando o estado de conservação, IRC, temperatura de cor, fluxo luminoso, consumo, tipo de reator e fator de potência.

Deve ser realizada a medição do nível de iluminamento, com as condições atuais de operação, para comparar com os índices recomendados por normas técnicas e obtenção de dados para auxiliar a tomada de decisão.

O estudo também contempla o mapeamento dos locais com potencial para redução do consumo, avaliando a forma e o horário de ocupação e a possibilidade de implantação de acionamentos automatizados.

Após a coleta de dados, é possível decidir se é necessário:

- alterar a quantidade e a disposição das luminárias;
- substituir o tipo de lâmpada e reator;
- substituir os projetores ou as luminárias.

A solução técnica adequada contempla, além da eficiência do sistema de iluminação, a relação custo-benefício. O montante de investimento e o tempo de retorno devem ser compatíveis. Dessa forma, é de suma importância quantificar as economias obtidas para orientar a tomada de decisão sobre a viabilidade de substituir um sistema de iluminação existente.

Atingir simultaneamente esses objetivos envolve experiência profissional e conhecimentos específicos sobre projetos de iluminação associados à eficiência energética.

As ações de retrofit de instalações têm enfatizado a substituição de qualquer fonte de luz existente pelo LED (caso ele já esteja em utilização).

Tendo em vista o elevado nível de eficiência do LED, em geral, é possível obter ganhos de eficiência com seu emprego em relação a outras fontes de luz.

Para obter o máximo de ganho energético, é importante realizar um projeto luminotécnico que seja específico para o emprego do LED, o que muitas vezes requer todo o reposicionamento do sistema de iluminação no local.

Tendo em vista que a vida útil do LED é muito elevada (em geral, 50.000 horas ou mais), seu emprego apresenta outra vantagem quando considerado o maior tempo entre as substituições por fim de vida útil.

Essa característica é muito vantajosa quando a substituição apresenta uma dificuldade técnica para ser realizada, como por exemplo em locais altos.

4.2 Sistema de ar-condicionado eficiente

Os sistemas de ar-condicionado são utilizados para manter a temperatura, a umidade e a qualidade do ar dos ambientes em condições adequadas para o desempenho das atividades às quais eles se destinam.

Em locais como escritórios, comércio, áreas de circulação, entre outros, o objetivo do ar-condicionado é manter o conforto térmico dos usuários. No entanto, em algumas aplicações específicas, a temperatura e a umidade do ar devem possuir valores diferenciados, de acordo com a necessidade. Por exemplo, uma central de processamento de dados geralmente requer uma temperatura menor do que um ambiente no qual existam somente pessoas trabalhando. Uma biblioteca com livros antigos e um museu com obras de arte, por exemplo, requerem uma umidade baixa para evitar a deterioração dos livros e das obras.

Devido às características térmicas do Brasil, o ar-condicionado é associado à redução da temperatura, porém existem sistemas que também promovem a elevação da temperatura.

Além da própria temperatura, o sistema de ar-condicionado deve controlar outros parâmetros para garantir a qualidade do ar no ambiente, a qual também está associada ao índice de CO_2, produzido em função da respiração das pessoas, da pureza do ar, da sua umidade, entre outros fatores.

Para controlar esses índices, devem ser adotadas medidas na fase de projeto do sistema de ar-condicionado, como a renovação de ar pelo insuflamento de ar externo para o ambiente climatizado. Outra ação é instalar um sistema de filtragem do ar para reter as partículas em suspensão.

O gerenciamento desse sistema deve assegurar a aplicação dos melhores conceitos de engenharia, visando garantir que os quesitos de conforto térmico e qualidade do ar sejam atendidos com o menor consumo possível de energia elétrica.

4.2.1 Conceito básico de um sistema de ar-condicionado

A maior parte dos sistemas de ar-condicionado possui o mesmo princípio de funcionamento, que tem como base o circuito frigorífico apresentado na Figura 4.3.

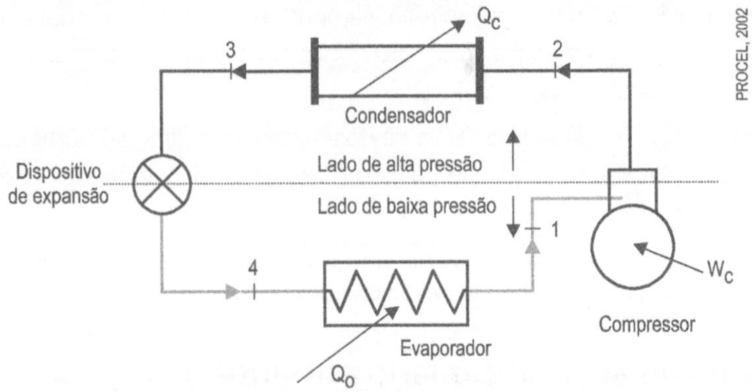

Figura 4.3 Principais componentes do circuito frigorífico.

Esse circuito é composto por compressor, condensador, válvula de expansão e evaporador. Tais equipamentos são interligados por uma tubulação, por meio da qual percorre um fluido chamado refrigerante, que tem a função de conduzir a energia térmica de um ponto a outro do sistema. Esse fluido se apresenta em parte do sistema no estado gasoso e em outra parte no estado líquido.

O compressor é responsável por comprimir o fluido, no estado gasoso, e forçá-lo a circular. O fluido chega ao condensador com a temperatura elevada devido à absorção de calor no evaporador e ao aquecimento provocado pelo processo de compressão.

Ao trocar calor no condensador, o fluido refrigerante resfria e passa do estado gasoso para o estado líquido, chegando até a válvula de expansão, que faz com que esse líquido expanda, o que ocorre dentro do evaporador.

O evaporador possui uma serpentina, que permite a circulação do fluido refrigerante, separadamente do fluido a ser refrigerado, que pode ser o ar ou a água.

A evaporação faz o fluido refrigerante passar do estado líquido para o estado gasoso. Para mudar de estado, o refrigerante retira muito calor do ar ou da água que esteja circulando pelo evaporador, fazendo sua temperatura se reduzir.

Após a passagem pelo evaporador, o fluido refrigerante retorna ao compressor, fechando assim o ciclo.

4.2.2 Tipos de sistemas de ar condicionado

Existem vários tipos de sistemas e equipamentos de ar-condicionado no mercado. Inicialmente, serão apresentados os sistemas existentes para, em seguida, avaliarmos como é possível atuar neles com o objetivo de reduzir o consumo de energia elétrica.

4.2.2.1 Aparelhos de janela

Os aparelhos de ar-condicionado de janela são instalados em janelas ou em paredes que fazem divisa com áreas externas. São equipamentos de fácil instalação, pois em um único módulo já estão instalados todos os seus componentes.

TokenPhoto/Getty Images

Figura 4.4 Aparelho de ar-condicionado de janela.

Comumente utilizados em ambientes pequenos, esses aparelhos de janela são de simples utilização e manutenção.

Possuem como desvantagem a falta de uniformidade na distribuição do ar dentro do ambiente, tendo como recurso somente o direcionamento das aletas. Caso o equipamento não esteja instalado em um local adequado, esse recurso pode ser insuficiente para promover o conforto térmico em todos os pontos do ambiente condicionado.

4.2.2.2 Split

O split pode ser considerado uma evolução do ar-condicionado de janela. Esse equipamento possui duas unidades separadas (condensador e evaporador), que são interligadas por tubulação em cobre revestida por um isolante térmico. O condensador deve ser instalado em uma área externa, enquanto o evaporador é instalado dentro do ambiente condicionado.

Essa separação permite a instalação do evaporador em um ponto mais apropriado do ambiente condicionado, sem a necessidade de gerar aberturas nas paredes, a exemplo do aparelho de janela, permitindo a melhor distribuição do ar. As dimensões e a configuração do ambiente influenciam na distribuição do ar a partir do split.

A qualidade do ar é uma deficiência atribuída ao split. Geralmente, esses equipamentos não insuflam ar externo para o interior do ambiente. Dessa forma, o ar é aquecido ou refrigerado, sem sofrer renovação. Essa característica torna o ar viciado e, em determinadas situações, inadequado para a convivência de pessoas.

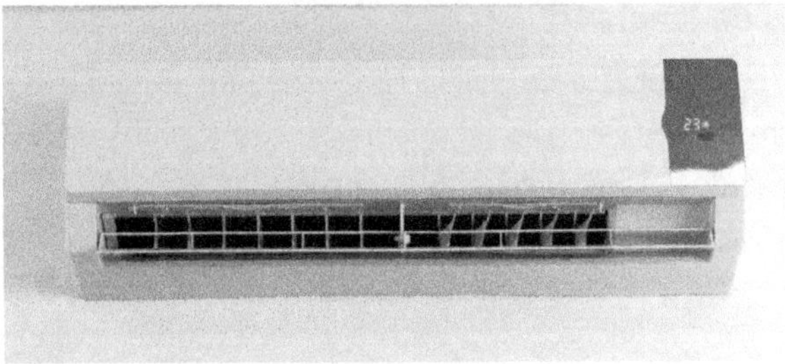

12963734/Getty Images

Figura 4.5 Aparelho de ar condicionado do tipo split.

Existem meios para renovar o ar em locais com splits instalados. Essa solução envolve um projeto completo do sistema, que deve ser feito por um profissional especializado.

O condensador deve ser instalado em uma área externa para permitir a troca de calor do fluido refrigerante com o meio ambiente, garantindo o perfeito funcionamento do sistema.

4.2.2.3 Self-contained

Tanto o aparelho de ar-condicionado de janela quanto o split insuflam o ar diretamente dentro do ambiente condicionado. O self-contained geralmente é de maior porte, utilizado para condicionar um ambiente de grandes dimensões.

Devido às características do equipamento, o insuflamento do ar em um único ponto causaria um grande desconforto em razão do grande volume de ar insuflado de forma concentrada. Por esse motivo, o self-contained requer acessórios para distribuir o ar condicionado, que são constituídos por dutos que conduzem o ar, lançando-o ao longo do ambiente por meio de grelhas.

DDurrich/Getty Images

Figura 4.6 Aparelho de ar condicionado self-contained.

A utilização de dutos de ar dotados de grelhas dosadoras assegura a melhor distribuição do ar insuflado, promovendo maior uniformidade na temperatura do ambiente condicionado.

O self-contained pode fazer a condensação do fluido refrigerante com ar ou com água. No caso em que a condensação é feita com ar, um único módulo do self-contained reúne todos os seus componentes. Nos equipamentos que utilizam a água para condensar o refrigerante, é necessário que seja acoplada uma torre de resfriamento para resfriar a água, que é aquecida ao passar pelo condensador.

Por se tratar de um equipamento de grande porte, o self-contained possui a desvantagem de condicionar uma grande área da mesma forma, ou seja, caso existam várias salas, não é possível controlar a temperatura e o próprio funcionamento individualmente, salvo pela abertura e fechamento manual das grelhas, caso elas sejam providas desse recurso.

4.2.2.4 Volume de refrigerante variável

O sistema de ar-condicionado chamado Volume de Refrigerante Variável (VRV) possui o mesmo princípio de funcionamento do split, pois as unidades evaporadoras ficam instaladas nos ambientes, e as unidades condensadoras ficam instaladas em uma área externa, interligada por uma tubulação que permite a circulação do fluido refrigerante.

A diferença desse sistema em relação ao split é que uma única unidade condensadora pode atender várias unidades evaporadoras, diferentemente do split, em que há um evaporador para cada condensador.

O condensador possui o recurso de controlar o volume de fluido refrigerante, que é inserido na rede de acordo com o número de unidades evaporadoras em operação. Assim, somente é enviado o volume de refrigerante necessário.

As unidades condensadoras de VRV podem trocar calor com o ar e com a água. Nos casos de troca de calor com a água, é necessário instalar uma torre de resfriamento.

VelhoJunior/Getty Images

Figura 4.7 Unidade evaporadora de um sistema de ar condicionado do tipo VRV.

Algumas unidades evaporadoras são providas de um dispositivo que permite a captação de ar externo, possibilitando a renovação do ar no interior do ambiente. Na ausência desse recurso, a renovação deve ser feita por um sistema separado que somente insufle ar externo no ambiente.

Uma grande vantagem do VRV é a possibilidade de cada unidade evaporadora possuir seu controle de operação individual, permitindo um controle personalizado por ambiente, que pode ser acionado de acordo com a necessidade e na temperatura desejada.

4.2.2.5 Água gelada

Todos os sistemas apresentados anteriormente, chamados de expansão direta, refrigeram diretamente o ar ao passar pelo evaporador. Nesse sistema, circula água pelo evaporador, promovendo seu resfriamento. Pela utilização de um sistema de bombas e tubulação, essa água chega até os ambientes que precisam ser condicionados.

Esse sistema também é conhecido como expansão indireta e geralmente é utilizado para capacidades elevadas de refrigeração, em locais que possuem grandes áreas a serem condicionadas.

Nesses casos, é construída uma Central de Água Gelada (CAG), a qual resfria a água, que é conduzida por meio de bombas e tubulação até os ambientes que precisam ser condicionados.

Próximo ao ambiente que precisa ser condicionado é instalado um fancoil, que tem a função de fazer a água gelada circular por uma serpentina, por onde é forçada a passagem do ar por meio de um ventilador. Esse ar é conduzido por meio de dutos, geralmente pelo teto, e lançado no ambiente por grelhas.

O resfriamento da água na CAG é realizado por um chiller. Esse equipamento possui em seu interior o circuito frigorífico e é caracterizado principalmente pelo tipo do compressor, pelo tipo do motor que aciona o compressor e pela forma de resfriamento do condensador.

Quanto ao compressor, pode ser dos seguintes tipos: scroll, parafuso, centrífugo e alternativo.

O compressor scroll possui duas partes separadas na forma de espiral: uma parte se mantém fixa, enquanto a outra se movimenta circularmente durante o funcionamento do compressor, conforme indica a Figura 4.8.

O compressor parafuso possui dois rotores em forma de parafuso, sendo um macho e outro fêmea. Os rotores interagem à medida que giram, tal como um parafuso girando em uma rosca. O fabricante Carrier dispõe de um tipo de chiller que possui três rotores.

Considerado um compressor de elevada eficiência, o chiller centrífugos opera em elevadas rotações, com pás que giram dentro de um alojamento.

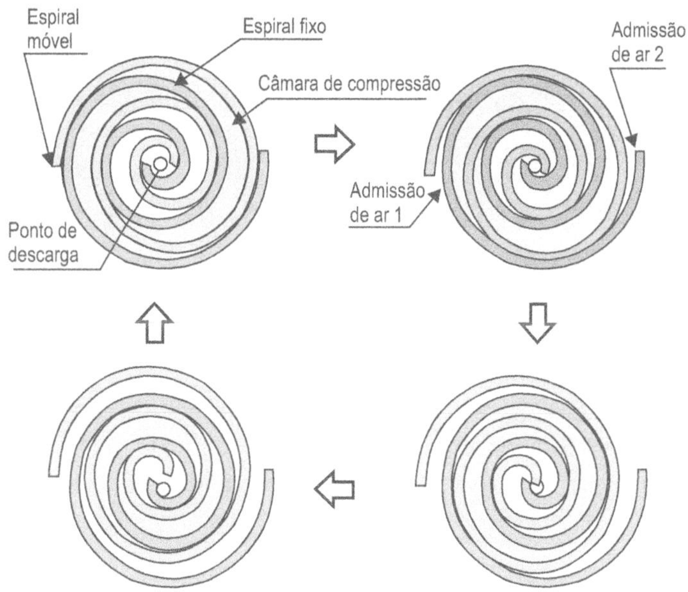

Figura 4.8 Modelo de compressor scroll.

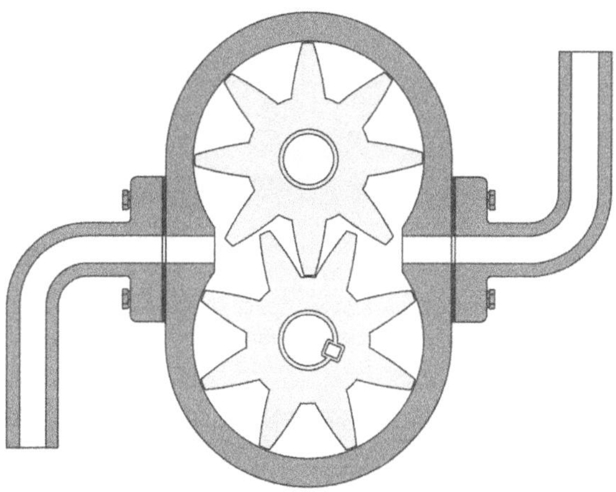

Figura 4.9 Modelo de compressor parafuso.

Figura 4.10 Modelo de compressor centrífugo.

O compressor alternativo trabalha com pistões montados dentro de cilindros. Ele é considerado obsoleto para a aplicação em sistemas de ar-condicionado.

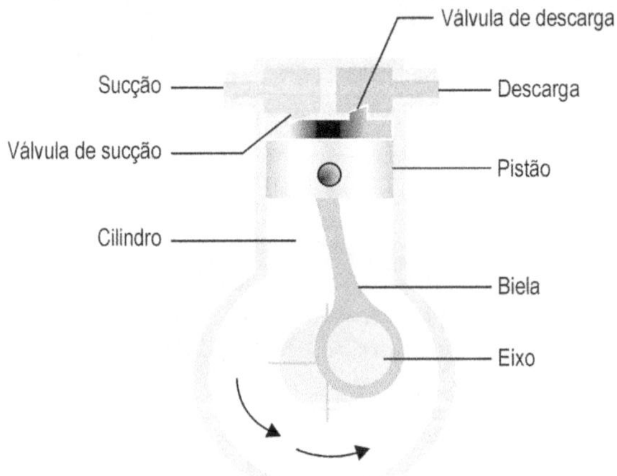

Figura 4.11 Modelo de compressor alternativo.

O motor que impulsiona o compressor pode ser elétrico ou a gás. A sua finalidade é somente criar o movimento de rotação para que o compressor possa cumprir a sua função.

Para efetuar o resfriamento do condensador, os chillers podem utilizar o ar ou a água. Os chillers com condensação a ar possuem ventiladores e trocadores de calor acoplados à sua estrutura. Na Figura 4.12, é possível observar os ventiladores na parte superior e os trocadores de calor na lateral.

No caso dos chillers com condensação a água, é necessário instalar uma torre de resfriamento para reduzir a temperatura da água de condensação.

alacatr/Getty Images

Figura 4.12 Chiller com condensação a ar.

coffeekai/Getty Images

Figura 4.13 Exemplo de torre de resfriamento.

4.2.3 Gerenciamento do ar-condicionado

As ações de gerenciamento que envolvem os sistemas de ar-condicionado passam pela manutenção, por uma adequada operação e até mesmo por uma eventual substituição de equipamentos.

4.2.3.1 Ações de manutenção

A manutenção adequada permite o funcionamento correto dos equipamentos, reduz a possibilidade de falhas e otimiza o consumo de energia elétrica.

Os filtros devem ser substituídos dentro da periodicidade recomendada pelos fabricantes, ou é preciso observar as orientações do setor de engenharia local. Além de não funcionar corretamente, o filtro saturado oferece maior resistência à passagem do ar, sobrecarregando o ventilador e, consequentemente, consumindo mais energia elétrica.

A limpeza dos trocadores de calor também precisa ser realizada periodicamente, ou quando identificada alguma anomalia. Especialmente nos chillers, quando os trocadores de calor estão encrostados, o que ocorre devido à circulação da água, menor é a troca de calor, reduzindo seu desempenho e sua eficiência.

Toda a instrumentação deve passar por uma verificação, pois ela é a base do funcionamento do sistema de automação. Caso algum sensor não esteja funcionando corretamente, a automação não será capaz de operar o sistema de forma adequada, podendo consumir mais energia do que o necessário.

Em se tratando de um sistema de água gelada, provido de bombas com inversor de frequência, deve-se cuidar para que os inversores estejam funcionando corretamente; caso contrário, pode ocorrer de a bomba ser acionada diretamente na rede, sem controle de rotação, resultando no maior consumo de energia elétrica.

Em sistemas providos de dutos para distribuição, é recomendável verificar periodicamente a existência de um eventual vazamento de ar.

Outras ações de manutenção podem ser adotadas com o objetivo não somente de manter o sistema funcionando perfeitamente, mas, também, para obter economia no consumo de energia.

4.2.3.2 Ações de operação

A recomendação elementar possível de ser adotada, na operação eficiente de um sistema de ar-condicionado, é o controle de seu funcionamento somente quando necessário.

Em se tratando de unidades autônomas, como aparelhos de janela ou splits, é altamente recomendável que sejam acionados somente nos dias em que realmente se faz necessário e desligados ao final do expediente.

Esses equipamentos geralmente são operados pelos próprios usuários do ambiente, os quais, por esquecimento, podem não desligar o ar-condicionado ao final do expediente. Dessa forma, o equipamento permanece operando durante a madrugada ou nos finais de semana, sem necessidade, desperdiçando energia.

Eventualmente, os profissionais responsáveis pela manutenção dos equipamentos de ar--condicionado podem não ter conhecimento do sistema de automação e, por esse motivo, caso ocorra qualquer falha, a automação pode ser desligada e o sistema passa a operar de forma manual.

Caso o ar-condicionado seja provido de um sistema de automação, geralmente aplicado para grandes instalações, é fundamental que essa automação comande os equipamentos e que a sua programação seja feita de modo a otimizar o consumo de energia.

O ajuste adequado dos parâmetros de controle do ar-condicionado também é importante para evitar desperdícios. Aplica-se a esse caso, entre outros parâmetros, o ajuste da temperatura do ambiente e da temperatura de água (no caso de um sistema de água gelada).

Resfriar um ambiente em uma temperatura mais baixa do que a real necessidade requer um consumo de energia desnecessário. Em sistemas de água gelada, o resfriamento a uma temperatura inferior à necessária, além de ocasionar um consumo mais elevado de energia elétrica para promover o resfriamento da água, também faz com que o chiller opere em uma faixa de pior rendimento, resultando em consumo mais elevado de energia elétrica.

O ar insuflado no ambiente é constituído pela mistura de ar proveniente do ambiente externo e da própria recirculação. A captação de ar no ambiente externo é necessária para sua renovação, adequando aos índices de qualidade do ar. No entanto, nos dias muito quentes, o excesso na captação de ar externo resulta no aumento do consumo de energia gerado pela necessidade de resfriar uma quantidade maior de ar quente.

Nos dias muito frios, pode ser captado um maior volume de ar externo, que estará com a temperatura menor do que o ar interno, que está recirculando. Esse controle de captação de ar externo pode ser gerenciado para otimizar o consumo de energia, sempre respeitando os aspectos de qualidade do ar no ambiente.

Assim como no caso da manutenção, pode-se considerar outras ações que podem ser adotadas na operação para que o sistema funcione de forma mais otimizada.

4.3.2.3 Ações de substituição

Por mais que se mantenha e opere adequadamente o sistema de ar-condicionado, caso existam nas instalações equipamentos de baixa eficiência, não será possível obter um consumo de energia otimizado. Dessa forma, deve ser avaliada a possibilidade de substituição (retrofit).

A verificação da eficiência de um equipamento é realizada de várias maneiras, entre as quais está a identificação da potência elétrica requerida da rede para gerar uma determinada quantidade de frio.

O índice que apresenta essa informação relaciona a potência elétrica do equipamento ou sistema em kW a sua capacidade em Tonelada de Refrigeração (TR). Esse índice mostra, portanto, um valor de kW/TR.

Quanto menor é esse índice, menos potência elétrica é requerida pelo equipamento ou sistema para gerar uma TR de frio e, consequentemente, menor é o consumo de energia.

Esse índice pode ser obtido por meio dos valores máximos tanto de capacidade de refrigeração como de potência elétrica, mas também pode ser calculado com valores para cargas parciais.

A utilização dos valores máximos se aplica a aparelhos de janela e splits. Sistemas de água gelada tanto podem utilizar valores máximos como valores que representam uma média de vários regimes de operação.

Geralmente, os equipamentos de ar-condicionado de janela estão entre os menos eficientes, seguidos pelos splits. Os grandes sistemas de água gelada costumam ser mais eficientes, disputando a primeira colocação com o VRV. A seleção do equipamento mais eficiente está condicionado também às características da instalação, sendo necessário a realização de um estudo individual em cada projeto para seleção dos equipamentos que serão mais eficientes para cada aplicação.

As ações de gerenciamento, nesse caso, consistem em mapear os equipamentos e sistemas de ar-condicionado existentes, identificando seu índice de eficiência. Com base nos dados obtidos, é avaliada a existência de outros sistemas ou equipamentos mais eficientes que se aplicam à necessidade de ar-condicionado do local.

Esse estudo deve ser realizado por um especialista em ar-condicionado, pois existem muitas variáveis que precisam ser consideradas. Apresentando aplicabilidade, deve ser avaliada a viabilidade econômica, comparando o custo de aquisição e substituição do novo sistema ou equipamento com a economia que será proporcionada.

4.3 Sistema de força motriz eficiente

O motor elétrico é uma máquina destinada a transformar energia elétrica em energia mecânica. Os motores utilizam o princípio de indução e podem ser acionados por um comando simples ou controlado. Sua aplicação é versátil e permite a adaptação para diversos fins.

Hoje em dia, os motores estão presentes em todos os segmentos do mercado, sendo mais representativos na indústria. Vale destacar que o motor, isoladamente, não é o único equipamento que reflete no consumo de energia elétrica. Acoplados ao motor existem bombas, máquinas, ventiladores, entre outros equipamentos e dispositivos que impactam no consumo de energia elétrica.

Os equipamentos de transmissão mecânica utilizados para reduzir ou ampliar a velocidade, como engrenagens, correias, polias etc., devem ser dimensionados para diminuir as perdas mecânicas, sendo importantes sua manutenção e lubrificação.

Observa-se que não somente o motor, mas toda a instalação, deve ser projetada para diminuir o consumo de energia. Não se eximem dessa atribuição os sistemas de acionamento. Para se obter maior controle, e objetivando economia de energia, os motores podem operar a partir de diversos tipos de acionamento, como inversor de frequência, soft start, estrela-triângulo, entre outros sistemas.

4.3.1 Histórico

Em 1866, Werner Siemens construiu um gerador sem ímã permanente, provando que a tensão necessária para o magnetismo podia ser retirada do próprio enrolamento do rotor, isto é, que a máquina podia se autoexcitar.

O primeiro dínamo de Siemens possuía uma potência de aproximadamente 30 watts e uma rotação de 1.200 rpm. A máquina podia também funcionar como motor, desde que se aplicasse aos seus bornes uma corrente contínua. Em 1879, a Siemens apresentou a primeira locomotiva elétrica, com potência de 2 kW, mas a máquina tinha alto custo e era vulnerável em serviço, exigindo o desenvolvimento de um motor mais barato, robusto e de menor custo de manutenção. Em 1885, o engenheiro eletricista italiano Galileu Ferraris (1847-1897) construiu um motor de corrente alternada de duas fases. Em 1887, o iugoslavo Nikola Tesla (1856-1943) apresentou um pequeno protótipo de motor de indução bifásico com rotor em curto-circuito. Em 1889, o engenheiro eletricista russo Michael von Dolivo Dobrowolsky (1862-1919), da empresa AEG, de Berlim, persistindo na pesquisa do motor de corrente alternada, entrou com pedido de patente de um motor trifásico com rotor de gaiola. Ele era simples, silencioso, tinha menos manutenção e alta segurança em operação. Em 1891, Dobrowolsky iniciou a fabricação em série de motores assíncronos, nas potências de 0,4 kW a 7,5 kW.

O princípio de funcionamento dos primeiros motores não mudou significativamente até os dias atuais, porém o seu tamanho e os materiais aplicados apresentaram significativa evolução, conforme é possível observar na Figura 4.14.

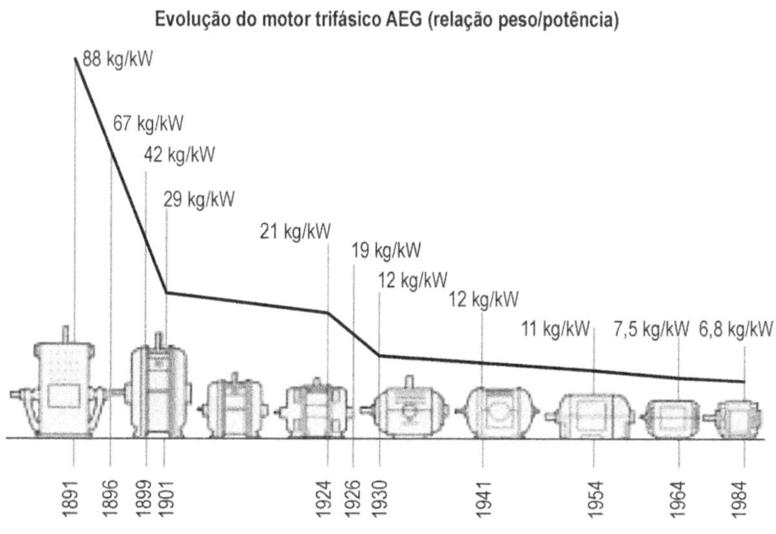

Figura 4.14 Relação peso/potência dos motores trifásicos ao longo dos anos.

Os motores atuais baseiam-se nos mesmos princípios físicos do motor construído em 1891. A evolução está concentrada na redução do peso da máquina elétrica em relação à potência fornecida. Um grande avanço ocorreu nos materiais isolantes elétricos. A isolação dos fios com seda natural ou artificial reduziu em cerca de 60% o espaço ocupado pelos condutores. Os vernizes de impregnação eram à base de resinas naturais, óleos e solventes. A utilização de uma espécie de esmalte iniciou por volta de 1900, nos Estados Unidos. Os materiais isolantes atuais são quase inteiramente sintéticos. Os fios são esmaltados com vernizes que permitem com segurança a aplicação de camadas muito mais delgadas que as capas duplas de algodão, apresentam uma rigidez dielétrica várias vezes superior e uma capacidade de suportar temperaturas cada vez mais elevadas.

4.3.2 Tipos de motor

Basicamente, eles se dividem em motores de corrente contínua e motores de corrente alternada.

4.3.2.1 Motores de corrente contínua

São motores de custo mais elevado e precisam de uma fonte de corrente contínua para seu funcionamento, ou de um dispositivo que converta a corrente alternada em contínua. Podem funcionar com velocidade variável entre amplos limites e prestam-se a controles de grande flexibilidade e precisão. Por isso, seu uso é restrito a casos especiais em que essas exigências compensam o seu custo mais elevado.

4.3.2.2 Motores de corrente alternada

São os mais utilizados no mercado e podem ser divididos em síncronos e assíncronos.

- **Motor síncrono:** funciona com velocidade fixa, utilizado geralmente para grandes potências (devido ao seu alto custo) ou quando se necessita de velocidade invariável. Sua rotação é determinada em função da frequência da rede e do número de polos do motor.
- **Motor assíncrono:** sua rotação é sutilmente inferior à rotação síncrona e varia de acordo com a carga mecânica aplicada no eixo do motor. Por conta de sua simplicidade, robustez e baixo custo, é o motor mais utilizado, sendo adequado para quase todos os tipos de máquina.

4.3.3 Regulamentação dos motores

Em 1991, foi publicada a Lei da Eficiência Energética (Lei nº 10.295), apresentada no Anexo B deste livro, que estabeleceu a necessidade de determinar níveis máximos de consumo específico ou mínimos de eficiência energética de máquinas e aparelhos consumidores de energia, fabricados ou comercializados no País.

O primeiro equipamento a ser regulamentado foi o motor elétrico trifásico, por meio do Decreto nº 4.508, de 11 de dezembro de 2002.[1] Esse decreto estabeleceu os rendimentos nominais mínimos dos motores padrão e dos motores de alto rendimento, como mostra a Tabela 4.2.

Com o avanço tecnológico, foi possível elevar ainda mais o nível de eficiência energética mínimo exigido para os motores elétrico. Por esse motivo, em 29 de junho de 2017, foi publicada a Portaria Interministerial nº 01, que estabeleceu novos limites mínimos de eficiência para motores elétricos, que passaram a ser denominados como nível premium.

A portaria concedeu um prazo de transição de 2 anos para que fosse encerrada a fabricação e importação de motores elétricos de indução que não atendam a esse requisito e 2 anos e 6 meses para comercialização desses produtos. Portanto, em 2019, esse prazo foi

---

1 Decreto nº 4.508, de 11 de dezembro de 2002, dispõe sobre a regulamentação específica que define os níveis mínimos de eficiência energética de motores elétricos trifásicos de indução rotor gaiola de esquilo, de fabricação nacional ou importados, para comercialização ou uso no Brasil, e dá outras providências.

expirado, sendo que agora apenas motores elétricos de indução considerados premium podem ser comercializados. A Tabela 4.2 reproduz os limites estabelecidos pela portaria interministerial 01 de 2017.

Tabela 4.2 Rendimentos nominais mínimos dos motores premium

Potência nominal		Velocidade Síncrona (rpm)			
kW	cv	3600 2 Polos	1800 4 Polos	1200 6 Polos	900 8 Polos
		Rendimento Nominal			
0,12	0,16	62,0	66,0	64,0	59,5
0,18	0,25	65,6	69,5	67,5	64,0
0,25	0,33	69,5	73,4	69,0	68,0
0,37	0,50	73,4	78,2	75,3	72,0
0,55	0,75	76,8	79,0	79,5	74,0
0,75	1	80,5	83,5[a]	82,5	75,5
1,1	1,5	84,0	86,5[b]	87,5[c]	78,5
1,5	2	85,5	86,5	88,5[d]	84,0
2,2	3	86,5	89,5e	89,5[f]	85,5
3	4	88,5	89,5	89,5	86,5
3,7	5	88,5	89,5	89,5	86,5
4,4	6	88,5	89,5	89,5	86,5
5,5	7,5	89,5	91,7g	91,0	86,5
7,5	10	90,2	91,7	91,0	89,5
9,2	12,5	91,0	92,4	91,7	89,5
11	15	91,0	92,4	91,7	89,5
15	20	91,0	93,0	91,7	90,2
18,5	25	91,7	93,6	93,0	90,2
22	30	91,7	93,6	93,0	91,7
30	40	92,4	94,1	94,1	91,7
37	50	93,0	94,5	94,1	92,4
45	60	93,6	95,0	94,5	92,4
55	75	93,6	95,4	94,5	93,6
75	100	94,1	95,4	95,0	93,6
90	125	95,0	95,4	95,0	94,1
110	150	95,0	95,8	95,8	94,1
132	175	95,4	96,2	95,8	94,5
150	200	95,4	96,2	95,8	94,5
185	250	95,8	96,2	95,8	95,0
220	300	95,8	96,2	95,8	95,0

➔

→

Potência nominal		Velocidade Síncrona (rpm)			
kW	cv	3600 2 Polos	1800 4 Polos	1200 6 Polos	900 8 Polos
		Rendimento Nominal			
260	350	95,8	96,2	95,8	95,0
300	400	95,8	96,2	95,8	95,0
330	450	95,8	96,2	95,8	95,0
370	500	95,8	96,2	95,8	95,0

(a) Para motores na carcaça 80, o valor mínimo de rendimento é 83%.

(b) Para motores na carcaça 80, o valor mínimo de rendimento é 84%.

(c) Para motores na carcaça 90, o valor mínimo de rendimento é 85,5%.

(d) Para motores na carcaça 100, o valor mínimo de rendimento é 86,5%.

(e) Para motores na carcaça 90, o valor mínimo de rendimento é 87,5%.

(f) Para motores na carcaça 100, o valor mínimo de rendimento é 87%.

(g) Para motores na carcaça 112, o valor mínimo de rendimento é 91%.

4.3.4 Motores de alto rendimento

Os motores padrão (também chamados standard) e de alto rendimento possuem uma construção muito similar, sendo compostos basicamente de:

- carcaça, que é a estrutura de suporte do motor;
- núcleo, composto de chapas de aço magnético;
- enrolamento, constituído por conjuntos iguais de bobinas, sendo uma para cada fase;
- eixo, para transmitir a potência mecânica desenvolvida pelo motor;
- ventilador, que possui a função de auxiliar na refrigeração do motor;
- rolamentos, que permitem ao rotor girar livremente.

Os motores de alto rendimento são projetados para oferecer a mesma potência na ponta do eixo (força mecânica) que os motores padrão, porém com consumo menor de energia elétrica.

Para atingir esse objetivo, os motores de alto rendimento possuem algumas características especiais, como, por exemplo:

- chapa metálica de melhor qualidade;
- enrolamento com menos perda estática;
- maior volume de cobre, diminuindo as perdas por efeito Joule e operando em uma temperatura mais reduzida;
- rotores tratados termicamente para reduzir as perdas estáticas;
- anéis de curto-circuito dimensionados para reduzir o efeito Joule;
- utilização de rolamentos de menor atrito.

Figura 4.15 Da esquerda para a direita: tampa refletora, ventilador, tampa traseira, carcaça e estator bobinado; rotor e rolamento; tampa dianteira e vedação mancal.

4.3.5 Acionamento de motores

A forma como o motor é acionado eletricamente influencia em sua vida útil, na interferência na rede elétrica e no consumo de energia.

Alguns dos principais tipos de acionamento são:

- partida direta;
- estrela-triângulo;
- chave compensadora;
- *soft start*;
- inversor de frequência.

De todos esses tipos de acionamento, somente o inversor de frequência pode proporcionar economia de energia durante o funcionamento permanente dos motores, porque os demais somente controlam a partida dos motores.

A rotação do motor é determinada pela seguinte fórmula:

$$\text{Rotação} = (120 \times f)/p \qquad \text{(Equação 4.1)}$$

em que:

f: frequência.

p: número de polos do motor.

Como o número de polos é fixo em cada motor, variando a frequência, é possível variar também a sua rotação.

A frequência da rede elétrica é fixa em 60 Hz, porém o inversor de frequência pode fornecer a tensão elétrica necessária para o funcionamento do motor em qualquer frequência. Assim, é possível não somente partir o motor em uma rotação menor, como mantê-lo funcionando em regime permanente em uma frequência inferior aos 60 Hz.

Operando em uma frequência inferior ao valor nominal, o motor funciona em uma rotação reduzida e, consequentemente, consome menos energia. Em situações em que não há necessidade de o motor funcionar na sua rotação nominal, pode-se obter uma redução significativa no consumo de energia elétrica.

Aplicam-se a esses casos, por exemplo, as escadas rolantes, pois quando nenhuma pessoa as utiliza é possível reduzir a sua velocidade, economizando energia.

4.3.6 Cálculo de consumo dos motores

É necessário realizar o cálculo do consumo de energia elétrica para que seja possível avaliar e comparar a eficiência de diversos tipos de motores.

Inicialmente, é preciso selecionar os motores mais adequados de serem instalados, avaliando sua potência, tendo em vista que o emprego de um motor superdimensionado ocasiona consumo excessivo de energia elétrica.

Para efetuar o cálculo do consumo, utiliza-se a seguinte fórmula:

$$\text{Consumo} = (\text{Pn} \times \%\ \text{Carga} \times \text{h})/\eta\ \text{Motor} \qquad \text{(Equação 4.2)}$$

em que:

Pn: potência nominal em kW.

% Carga: porcentagem da carga consumida.

h: horas de utilização por ano.

η Motor: rendimento do motor.

Caso se tenha somente a potência do motor em CV, é possível transformá-la em kW multiplicando por 0,736. Caso a potência esteja apresentada em HP, pode-se transformá-la em kW multiplicando por 0,746.

Como o motor geralmente não funciona a plena carga, é necessário aplicar um fator que reduza o consumo de energia proporcionalmente à carga que está sendo aplicada.

A identificação da carga aplicada no motor requer uma análise dos equipamentos conectados em seu eixo ou, então, deve ser realizada uma medição desse parâmetro.

Pode ser realizada a medição diretamente, usando equipamentos específicos, mas nem sempre ela é possível por conta de sua complexidade e da necessidade de empregar equipamentos especiais.

Caso seja realizado o estudo de viabilidade da substituição de um motor em funcionamento, é possível medir a corrente do motor atual e aplicá-la em seu gráfico de corrente para identificar seu carregamento.

4.4 Sistema eficiente de aquecimento de água

Considerando a estruturação do sistema energético brasileiro, está cada vez mais difícil construir novas fontes produtoras de eletricidade.

Para o consumidor, seja ele residencial, comercial ou industrial, está evidente que o aumento do consumo associado aos custos envolvidos na geração, transmissão e distribuição de energia, observados os conceitos de oferta e procura, impõe tarifas cada vez maiores. A eletricidade se apresenta como insumo na maioria dos processos produtivos e na subsistência do comércio.

Desde de 2000, notou-se um aumento expressivo na preocupação em preservar o meio ambiente. Diante das leis de proteção ambiental, está cada vez mais difícil a tomada de decisões com ações agressivas ao planeta para geração de eletricidade.

A adoção de medidas para diminuir o consumo de energia elétrica tem sido amplamente discutida, entretanto, é preciso rever hábitos, como no uso de chuveiros e torneiras elétricas. Como visto no Capítulo 1, o chuveiro elétrico é responsável por 24% do consumo elétrico de uma residência, sobrecarregando a rede de distribuição no horário de pico. Esses equipamentos podem ser vantajosamente substituídos por outras fontes de aquecimento de água.

A energia solar é uma fonte renovável, limpa e segura, que representa uma forma adequada e racional de aquecimento de água a baixo custo. Com todas essas vantagens, não se pode lembrar da energia solar somente em tempos de crise.

O uso da energia solar constitui a diversificação da matriz energética brasileira e pode reduzir o impacto da crise hídrica na geração de energia elétrica, reduzindo, por exemplo, os custos associados às bandeiras tarifárias amarela e vermelha, que começaram a ser cobradas em 2015.

No Brasil, é grande o potencial de utilização da energia solar como fonte alternativa para o aquecimento de água, pois é um país tropical com intensa irradiação solar, praticamente durante o ano todo, sendo a maior parte de seu território localizada próximo à linha do Equador.

Apesar das condições favoráveis para utilização da tecnologia de aquecimento de água empregando energia solar, principalmente em residências, o sistema é pouco utilizado.

Uma ação de incentivo que merece destaque é o Decreto nº 49.148, publicado em 21 de janeiro de 2008, que regulamenta a Lei nº 14.1459, de 3 de julho de 2007, que dispõe sobre a instalação de sistemas de aquecimento de água por energia solar nas novas edificações do município de São Paulo. Pelo decreto, torna-se obrigatória a instalação do sistema de aquecimento solar de água em novos edifícios residenciais e não residenciais.

Conhecer em detalhes a utilização dessa tecnologia certamente auxilia o uso racional e eficiente de energia elétrica.

Como qualquer tipo de energia, a energia solar apresenta características próprias que devem ser bem conhecidas e analisadas de maneira que suas aplicações sejam dirigidas a processos que possam gerar os maiores benefícios, a fim de que sua contribuição como fonte energética possa ser mais significativa.

4.4.1 Aquecimento de água com energia solar

Os sistemas de aquecimento de água com energia solar considerados no livro destinam-se ao aquecimento de água a temperaturas menores do que 100 °C. Esses sistemas se aplicam basicamente no aquecimento de água para banho ou de piscina.

Apesar de ser possível transformar a energia solar em energia elétrica, que poderia aquecer a água por soluções convencionais com resistências, o aquecimento da água diretamente pelo sol mostra-se mais eficiente e mais difundido para essa aplicação.

Os elementos básicos e principais de um sistema de aquecimento de água com a energia solar são:

- coletores solares;
- reservatório;
- fonte de energia auxiliar.

4.4.1.1 Coletores solares

O coletor solar é um equipamento que capta a energia irradiada pelo sol e a converte em calor utilizável. Os dois tipos de coletores mais comuns são o plano e o concentrador.

As principais características do coletor plano são:

- construção simplificada;
- baixos custos de construção e manutenção;
- manutenção quase inexistente;
- excelente durabilidade.

Do ponto de vista da fabricação, os coletores solares planos são considerados equipamentos simples, pois não apresentam partes móveis e não requerem manutenção constante. Normalmente, são fabricados com alumínio ou cobre, e a absorção da energia se dá por meio da superfície que recebe radiação.

São constituídos por uma placa absorvedora pintada na cor preta, tubulação pela qual escoa o fluido que vai trocar calor, cobertura transparente e isolamento térmico.

A radiação solar que incide sobre o coletor pode ser fracionada em duas parcelas: aquela que atravessa e outra refletida pela cobertura.

A maior parte da radiação solar que atravessa a cobertura é absorvida pela placa absorvedora, formada por materiais condutores de calor pintados na cor preta. Como a energia incidente perde comprimento de onda ao atravessar o vidro, mesmo refletida pela superfície absorvedora, fica retida na caixa do coletor devido ao efeito estufa.

A energia absorvida pela placa é transferida ao fluido que escoa no interior dos tubos, que estão em contato térmico com a placa absorvedora. O fluido, geralmente água que se deseja aquecer, circula por termossifão até um reservatório térmico, onde a água aquecida será armazenada.

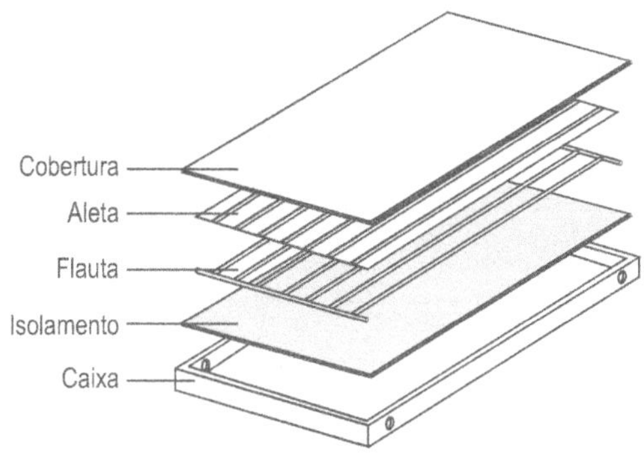

Figura 4.16 Componentes do coletor solar.

A instalação dos coletores deve atender à norma de orientação geográfica, conforme a ABNT NBR 15569, estando eles sempre voltados para o norte geográfico, com desvio gráfico de 30° dessa direção, como mostrado na Figura 4.17.

A ABNT NBR 15569 sugere que o ângulo de inclinação deva ser igual ao da latitude do local acrescido de 10°, como ilustra a Figura 4.18.

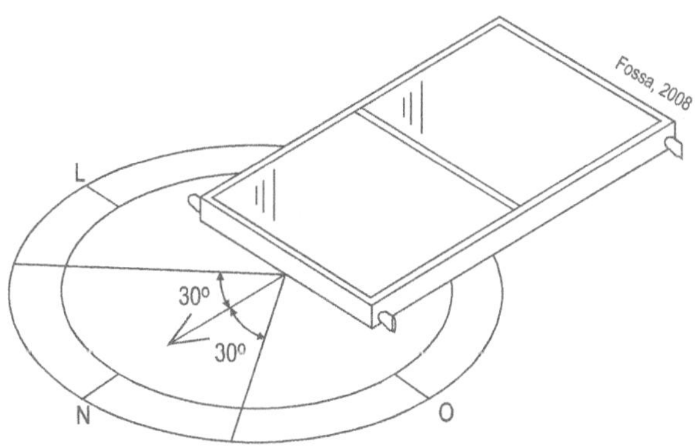

Figura 4.17 Orientação geográfica.

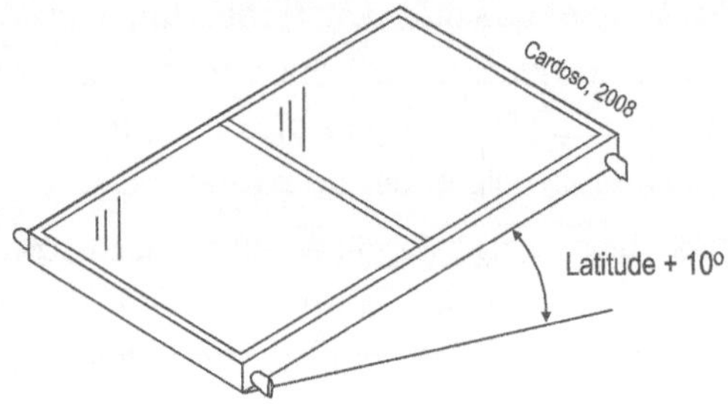

Figura 4.18 Ângulo de inclinação do coletor solar.

Essas inclinações e esses direcionamentos são necessários porque a Terra, em seu movimento anual em torno do Sol, recebe em suas regiões quantidades diferentes de energia ao longo do ano, devido ao seu eixo inclinado em relação ao plano de sua órbita.

Dessa forma, é possível aproveitar melhor a incidência do sol, a qual é variável de acordo com a região do País. O Mapa 4.1 apresenta a média anual de radiação solar global diária no Brasil.

Mapa 4.1 Média anual de radiação solar global diária no Brasil em MJ/m²/dia.

Os coletores concentrados apresentam uma superfície curva em forma cônica, parabólica, cilíndrica ou fresnel. Sua superfície é espelhada de modo a refletir e focalizar a radiação solar incidente sobre um ponto ou uma reta.

É recomendável que o coletor de concentração seja montado sobre um mecanismo motorizado que acompanhe o movimento do sol, pois a radiação deve incidir no refletor ou na lente com um ângulo correto para ser focalizado sobre o absorvedor.

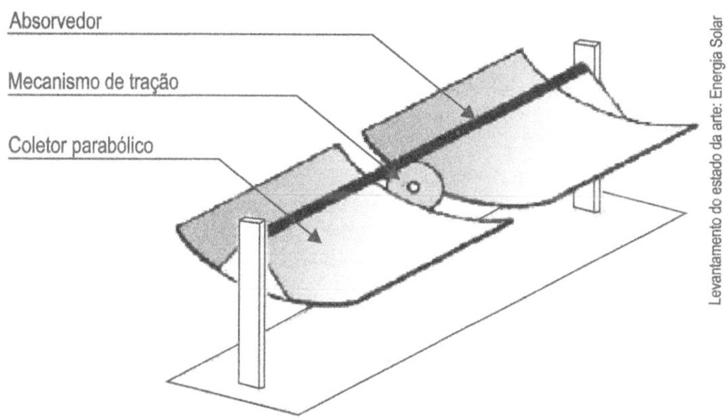

Figura 4.19 Modelo de coletor concentrado parabólico.

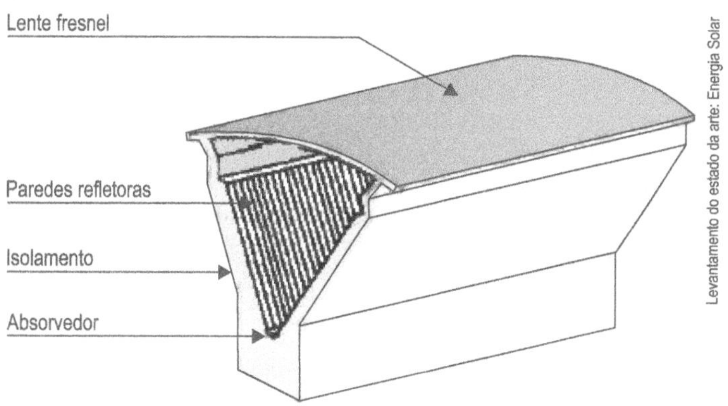

Figura 4.20 Modelo de coletor concentrado fresnel.

4 .4.1.2 Reservatórios térmicos

O sistema de aquecimento solar depende de um reservatório, termicamente isolado, utilizado para armazenar e garantir água aquecida no momento de consumo.

O projeto e a posterior instalação do reservatório térmico constituem um passo importante na implantação do aquecimento solar e devem considerar reservatórios verticais que permitem a estratificação térmica.

Nos sistemas de aquecimento de água com energia solar, a água é captada pela parte inferior e o retorno da água aquecida ocorre pela parte superior do reservatório térmico. A distância existente entre os pontos de captação e retorno estabelece uma diferença de temperatura ao longo da altura do fluido, denominada estratificação de temperaturas.

Os coletores solares são conectados ao reservatório de maneira que a interligação de saída para os coletores é feita no fundo do reservatório e o retorno se dá no topo dele.

Para a fabricação dos reservatórios, utiliza-se, preferencialmente, aço inoxidável; no entanto, o cobre e o aço esmaltado com ânodo de proteção também podem ser utilizados. Os reservatórios de aço galvanizado são desaconselhados, pois oferecem resistência insuficiente à corrosão, enquanto os de material sintético podem ser usados apenas quando a água é armazenada sem pressão.

Outro ponto importante a ser observado é a qualidade do isolamento térmico, que reveste o reservatório. Ele deve ser projetado de modo que as perdas de calor para o meio sejam as menores possíveis.

Como a água quente mantém-se mais concentrada na parte superior do reservatório, o isolamento térmico possui uma espessura maior nessa região, conforme é possível observar na Figura 4.21.

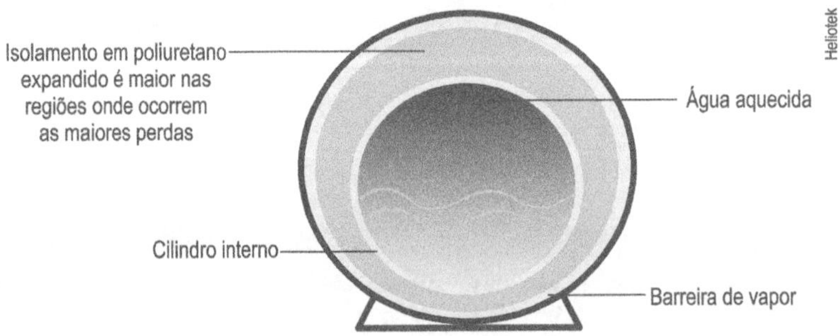

Figura 4.21 Modelo de reservatório térmico.

4.4.1.3 Fonte de energia auxiliar

Como os sistemas de aquecimento de água com energia solar dependem da radiação solar para promover o aquecimento da água, nos períodos prolongados de demanda ou durante a ausência de radiação solar eles necessitam de uma fonte auxiliar de energia que pode ser alimentada por eletricidade ou gás, localizada no interior ou no exterior do reservatório.

Quando a fonte auxiliar é instalada fora do reservatório, ele pode ser do tipo de acumulação ou de passagem. A fonte auxiliar de acumulação utiliza outro reservatório para manter a água na temperatura adequada para uso. A fonte auxiliar de passagem pode ser um chuveiro elétrico, de potência mais reduzida, ou alguma outra resistência instalada ao longo da linha de água.

4.4.1.4 Fatores de rendimento e desempenho

Os sistemas de aquecimento de água com energia solar são relativamente simples, contudo, o desempenho do aquecimento solar pode ser influenciado pela temperatura almejada para a operação e o perfil de consumo estabelecido pelo usuário.

A temperatura da água utilizada no banho é de aproximadamente 38 °C; no entanto, ocorrem perdas térmicas associadas aos trechos de tubulação existente e os pontos de armazenamento e consumo, o que implica compensar a temperatura da água na saída do reservatório em aproximadamente 5 °C, visando garantir o conforto na utilização.

A sequência de vazões de água aquecida demandadas pelo consumidor, ao longo do tempo, influencia o rendimento do sistema.

Quando se consome água aquecida do sistema, ocorre o deslocamento das camadas internas do reservatório, portanto, o perfil estabelecido pelo consumo tem influência direta na eficiência do sistema de aquecimento de água com energia solar e o consumo da fonte auxiliar de energia, pois desloca camadas de água no interior do reservatório, tanto pela retirada de água quente para utilização como pela reposição de água fria.

Assim, os volumes de reservatório e os horários de consumo estão diretamente relacionados ao rendimento e à eficiência do sistema de aquecimento. A pior condição de rendimento, considerando o consumo, é quando este ocorre entre o final do dia e a manhã seguinte. Do ponto de vista do consumo de energia elétrica, o acionar do aquecimento auxiliar, quando por meio de resistências, impõe uma condição desfavorável.

O período desfavorável para consumir água quente do sistema é no início da operação dos coletores, enquanto o período favorável ocorre nas primeiras horas da tarde.

Em resumo, a eficiência do sistema depende das condições meteorológicas, da constituição do coletor, do volume destinado ao reservatório, confrontados com o volume de demanda, a área ocupada pelos coletores e a localização do sistema de aquecimento dentro do território nacional.

4.4.1.5 Tipos de sistemas

Existem quatro arranjos típicos de sistema de aquecimento solar chamados de:

- sistema passivo direto;
- sistema passivo indireto;
- sistema ativo direto;
- sistema ativo indireto.

Sistema passivo direto

Este é o sistema mais comum, no qual a água é aquecida diretamente nos coletores e a sua circulação é realizada pelo sistema de termossifão, nome pelo qual esse sistema é conhecido. Nesse sistema, a diferença de densidade da água existente devido às diferentes temperaturas entre o coletor e o reservatório gera diferença de pressão, que resulta na circulação do fluido.

A Figura 4.22 apresenta um desenho esquemático do funcionamento desse sistema, em que a fonte elétrica auxiliar está instalada dentro do reservatório.

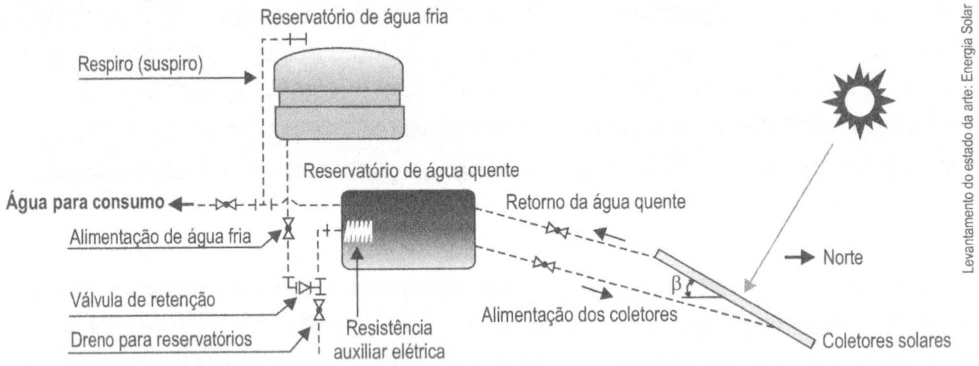

Figura 4.22 Diagrama esquemático do sistema passivo direto com um único reservatório.

Esse sistema também permite que a fonte auxiliar seja instalada em um segundo reservatório, conforme ilustra a Figura 4.23.

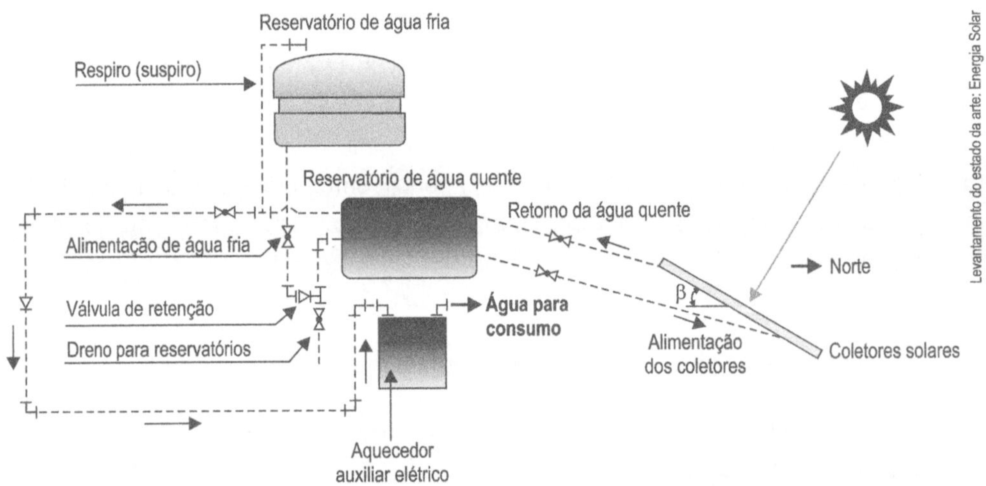

Figura 4.23 Diagrama esquemático do sistema passivo direto com dois reservatórios.

Sistema passivo indireto

Similar ao sistema anterior, no qual o fluido circula naturalmente pelo fenômeno de termossifão, a classificação indireta refere-se ao fato de a água não ser aquecida pelo sol, mas por um fluido refrigerante específico que circula pelo coletor. Posteriormente, o fluido refrigerante troca calor com a água, aquecendo-a.

Esse sistema é mais usual em locais onde pode haver queda acentuada da temperatura, correndo o risco de congelar a água. Com o emprego de um fluido refrigerante próprio, como o etilenoglicol ou o propilenoglicol, não há o risco de congelamento desse fluido e a água estará presente no sistema somente no trecho de temperatura mais elevada.

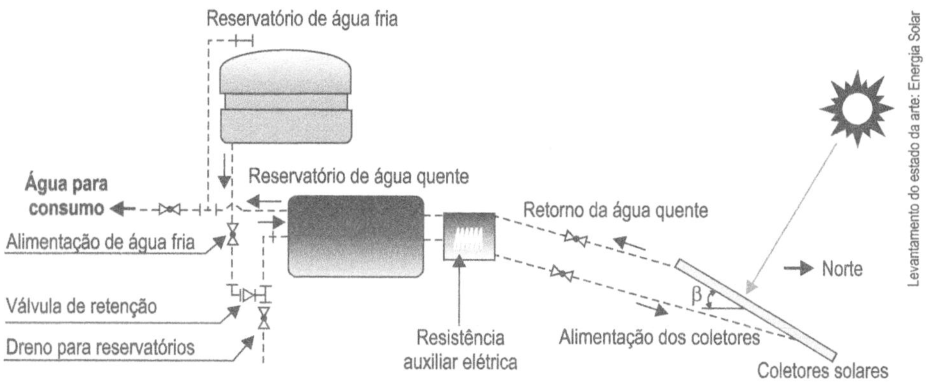

Figura 4.24 Diagrama esquemático do sistema passivo indireto.

Sistema ativo direto

Nesse sistema, há uma bomba que força a circulação da água, não dependendo da diferença de temperatura, como no sistema de termossifão. A bomba funciona somente quando o sistema identifica a necessidade, seja pela baixa temperatura da água do reservatório ou quando há uma elevada diferença de temperatura entre a parte superior do coletor e o reservatório.

A vantagem do sistema ativo em relação ao passivo é a flexibilidade quanto à localização do reservatório na edificação, porém os custos aumentam por apresentar mais dispositivos, como bombas, sensores e controles.

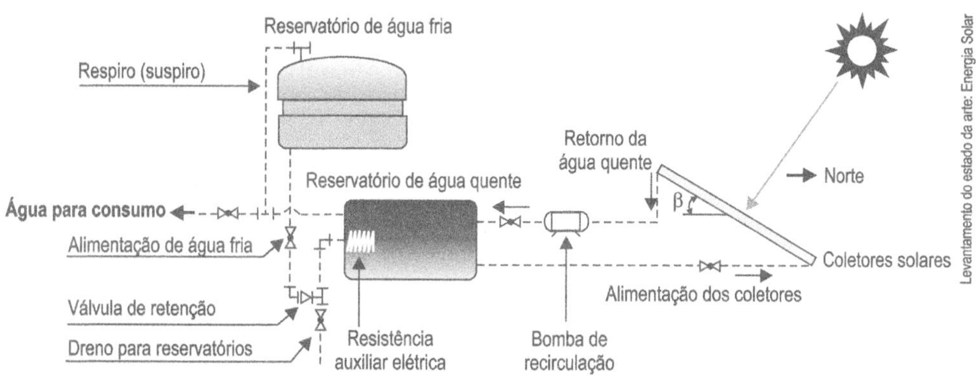

Figura 4.25 Diagrama esquemático do sistema ativo direto.

Sistema ativo indireto

Nesse sistema, a água não é aquecida diretamente: há um fluido refrigerante que circula pelos coletores por meio de bombas.

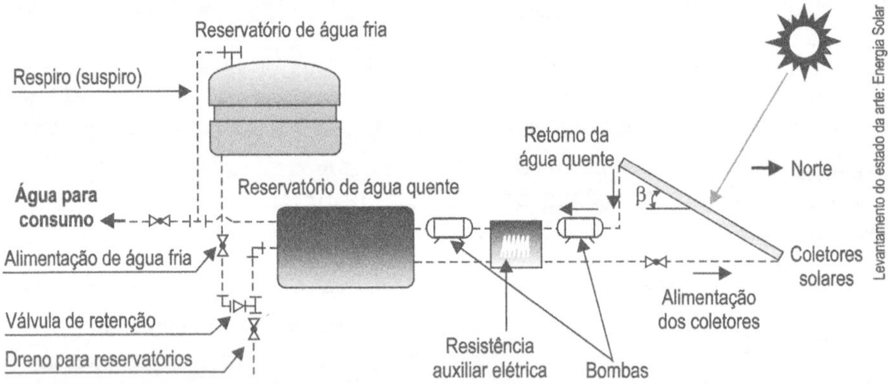

Figura 4.26 Diagrama esquemático do sistema ativo indireto.

4.5 Geração de energia elétrica dentro da unidade consumidora

O consumidor pode reduzir os valores de energia elétrica requeridos da rede de distribuição da concessionária, gerando parte ou até mesmo a totalidade da energia que consome, o que é comumente chamado de geração distribuída.

Para incentivar a geração local de energia elétrica, a Aneel regulamentou, pela Resolução nº 482, publicada em 2012, as condições gerais para o acesso a rede de sistemas de mini e microgeração. Posteriormente, essa regulamentação passou por duas evoluções, sendo elas a Resolução nº 687/2015 e a Resolução nº 786/2017.

Sistemas de geração de energia elétrica com capacidade igual ou inferior a 75kW são caracterizados como microgeração. Sistemas com capacidade superior a 75kW e igual ou inferior a 5.000 kW são intitulados como minigeração.

A Resolução nº 482 se aplica a sistemas de geração que utilizam as fontes de energia hidráulica, solar, eólica, biomassa ou cogeração qualificada.

As distribuidoras de energia devem dispor de normas técnicas que determinem as regras, especificações e adequações necessárias que devem ser implementadas nas instalações elétricas do consumidor que queira enquadrar sua unidade consumidora no sistema de mini ou microgeracão.

Caso a potência produzida pelo sistema de geração seja maior do que a potência requerida pela instalação, o consumidor fornecerá energia elétrica para a distribuidora de energia. Tais consumidores devem possuir medidor de consumo que permita individualizar os registros da energia injetada na rede e da energia consumida, a qual será requerida da rede nos momentos em que a geração própria não dispuser de capacidade suficiente para atender a unidade consumidora.

Se houver a necessidade de realizar alguma adequação no sistema de medição para atender as necessidades da unidade consumidora provida de geração, os custos adicionais do sistema de medição especial em relação ao sistema de medição convencional devem ser suportados pelo consumidor.

A Resolução nº 482 instituiu um sistema de compensação que determina que, após o encerramento do ciclo de medição (mês), a fatura da unidade consumidora contemple a diferença entre a energia elétrica consumida da rede e a energia elétrica injetada na rede pelo seu sistema de geração. Caso o montante de energia elétrica injetada seja maior do que o de consumida, serão concedidos a unidade consumidora créditos que podem ser utilizados para abater o consumo nos meses subsequentes.

Na ocorrência de uma situação em que a unidade consumidora tenha créditos excedentes todos os meses, eles são acumulados e podem ser utilizados em um prazo de até 60 meses. Decorrido esse período e permanecendo os créditos sem utilização, eles expiram, sendo revertidos em prol da modicidade tarifária.[2]

Nos períodos de medição em que o montante de energia injetada na rede representar um valor superior a energia consumida, apesar de caracterizar o acúmulo de créditos de energia elétrica, a unidade consumidora deve arcar com os valores referentes ao custo de disponibilidade,[3] para as unidades consumidoras pertencentes ao grupo B, ou a demanda contratada, para consumidores do grupo A.

Os valores referentes a diferença positiva entre a energia injetada e a consumida, expressos em kWh, e o total de créditos que vão expirar no próximo período de medição devem constar na fatura de energia elétrica emitida pela concessionária.

Além da unidade consumidora onde ocorreu a geração, o excedente de energia elétrica pode ser utilizado considerando-se outras três possibilidades, sendo elas:

- **Autoconsumo remoto:** refere-se à possibilidade de utilizar os créditos excedentes em outras unidades consumidoras de mesma titularidade de pessoa física ou jurídica, desde que estejam localizadas dentro da área de concessão da mesma distribuidora de energia.
- **Empreendimento com múltiplas unidades consumidoras:** aplica-se a consumidores como shopping centers, tendo em vista que, em uma mesma edificação, há diversas unidades consumidoras distintas, a exemplo das lojas, e há também uma área comum a todas elas cuja fonte de alimentação de energia é segregada. Dessa forma, a geração local pode estar associada a área comum que compartilha o excedente com as unidades consumidoras dos lojistas.
- **Geração compartilhada:** essa é uma possibilidade que deu origem a um modelo de negócio explorado por muitas empresas: um conjunto de unidades consumidoras celebram

---

2 Modicidade tarifária: a tarifa de energia elétrica aplicada aos consumidores finais regulados representa a síntese de todos os custos incorridos ao longo da cadeia produtiva da indústria de energia elétrica: geração, transmissão, distribuição e comercialização. Seu valor deve ser suficiente para preservar o princípio da modicidade tarifária e assegurar a saúde econômica e financeira das concessionárias, para que possam obter recursos suficientes para cobrir seus custos de operação e manutenção, bem como remunerar de forma justa o capital prudentemente investido com vista a manter a continuidade do serviço prestado com a qualidade desejada.

3 Mais informações sobre custo de disponibilidade estão apresentadas no item 2.1.3.3.

um consórcio ou cooperativa que permite a utilização da energia gerada por um dos participantes seja consumida pelos demais, mesmo que em localidades distintas, desde que restrito na área de concessão da mesma distribuidora.

- Existem empresas construindo usinas geradoras com o intuito de constituir um consórcio, vendendo cotas visando obter a redução na despesa com energia elétrica do participante e obtendo lucro com essa economia.

ATIVIDADES

1. Descreva a sequência de passos para a realização do diagnóstico energético.
2. Qual é a vantagem de utilizar uma lâmpada fluorescente tubular de diâmetro reduzido?
3. Cite os quatro principais elementos de um circuito frigorífico de ar-condicionado.
4. Quais são as principais características dos motores de alto rendimento?
5. Quais são os principais elementos utilizados em um sistema de aquecimento de água solar?

CAPÍTULO 5

Análise de Viabilidade

As técnicas apresentadas neste livro, as quais proporcionam redução nos custos com energia elétrica, podem requerer ou não um investimento inicial. A mudança de um grupo tarifário azul para verde, por exemplo, não requer nenhum dispêndio inicial, porém, a mudança do subgrupo tarifário A4 para A2 ou a implantação de um projeto de eficiência energética certamente requerem investimento inicial, mas que garantirá redução nas despesas futuras com a energia elétrica.

A busca pelo recurso financeiro que pagará o investimento inicial geralmente demanda a comprovação de que o dinheiro aplicado retornará em função dos benefícios advindos da medida adotada. Essa comprovação pode ser apresentada para a diretoria da empresa, no caso da utilização de recursos próprios, ou para o agente financiador.

Para apresentar o retorno do investimento, é necessária a realização de uma análise financeira, que possui o objetivo de calcular alguns indicadores que representam o desempenho financeiro do projeto proposto.

5.1 Indicadores financeiros de análise

O Payback Simples é uma das técnicas de análise de investimento mais simples. Esse método visa calcular de quanto tempo o investidor precisa para recuperar o capital investido a partir das receitas advindas da realização do projeto. Entretanto, apresenta uma falha ao não considerar a taxa de juros aplicada sobre o dinheiro.

Para suprir essa deficiência, é possível utilizar o Payback Descontado, que, além de levar em consideração a taxa de juros, permite a variação de valores de economia ao longo do período analisado.

Ambos os indicadores não se atêm aos possíveis fluxos de caixa após o tempo de recuperação do investimento, e, para que o Payback seja o desejado, pode incorrer em taxas de juros que não são praticadas no mercado.

O Valor Presente Líquido (VPL), ou método do valor atual, é calculado para determinar o valor presente de pagamentos futuros descontados a uma taxa de juros definida, menos o custo do investimento inicial. Basicamente, é o cálculo de quanto as receitas e/ou pagamentos futuros, somados a um custo inicial, valeriam no presente momento. É preciso considerar o conceito de valor do dinheiro no tempo em função do custo de oportunidade de se colocar o dinheiro, por exemplo, em uma aplicação financeira em relação a aplicar esse mesmo dinheiro na realização de um projeto.

A Taxa Interna de Retorno (TIR) é necessária para igualar o valor de um investimento (valor presente) com seus respectivos retornos futuros ou saldos de caixa. Aplicada em análise de investimentos, significa a taxa de retorno de um projeto. Isso quer dizer que a TIR é a taxa que anula o investimento. Sua utilização busca reunir em apenas um único número o poder de decisão sobre determinado projeto, sem depender da taxa de juros vigente no mercado de capitais. A TIR é um número intrínseco ao projeto e não depende de nenhum outro parâmetro que não seja o fluxo de caixa esperado.

A escolha do indicador financeiro que será utilizado na análise muitas vezes já é determinada pela diretoria da empresa ou pelo agente financiador. Caso não haja essa definição, pode ser feita uma análise pela pessoa que está realizando o estudo de viabilidade com o objetivo de avaliar os parâmetros mais importantes de serem considerados, podendo não se restringir a um único indicador, mas incluir uma composição de dois ou três indicadores.

5.1.1 Seleção das despesas e das receitas

Independentemente do indicador financeiro selecionado, para a realização da análise, é necessária a identificação do que é considerado receita e do que é considerado despesa.

No estudo de mudança do subgrupo tarifário (item 2.1.3.1), a despesa inicial basicamente é o projeto e a construção da subestação para receber a energia na nova tensão de fornecimento, associada a toda a conexão com a rede de energia existente. Ao longo do tempo, essa subestação possui uma manutenção que pode ser mais cara ou mais barata do que a subestação atual, e essa diferença deve ser computada anualmente. A receita a ser considerada é a redução na fatura de energia elétrica com a aplicação da nova tarifa.

A correção do fator de potência, mencionado no item 2.5 e apresentado em detalhes no Capítulo 3, possui como despesa o projeto, a construção e a instalação do banco de capacitor. Também deve ser considerada como despesa a manutenção anual desse banco de capacitor, que periodicamente necessita de substituição de capacitores queimados, entre outras verificações. A receita, nesse caso, é o valor da energia e da demanda reativa excedente que vem na fatura de energia elétrica e que não será mais cobrado com a correção do fator de potência.

Os projetos de eficiência energética possuem como despesa a aquisição dos equipamentos mais eficientes e a sua instalação. A receita é a redução do valor da fatura relativo à energia elétrica que não será mais consumida.

A apresentação das despesas e das receitas deve ser feita em determinado período-base, que pode ser definido a critério do profissional responsável pelo estudo de viabilidade. É usual empregar o período-base de um ano, sendo o ano 0 correspondente ao ano inicial e os períodos subsequentes chamados de ano 1, ano 2 e assim por diante.

5.1.2 Payback Simples

A análise pelo modelo Payback Simples pode ser realizada pela elaboração de uma tabela. A primeira coluna contém o período-base utilizado; a segunda coluna, os valores do fluxo de caixa de cada ano; a terceira, os valores financeiros acumulados.

Nos casos em que existem custos de manutenção associados à implantação do projeto, os valores do fluxo de caixa devem ser a diferença entre as receitas advindas da redução na fatura de energia elétrica e os custos adicionais de manutenção.

Vamos mostrar um exemplo em que o investimento inicial é de $ 1.000,00 e as receitas em cada ano são de $ 300,00.

EXEMPLO

Ano	Capital	Acumulado
0	$ 1.000,00	$ -1.000,00
1	$ 300,00	$ -700,00
2	$ 300,00	$ -400,00
3	$ 300,00	$ -100,00
4	$ 300,00	$ 200,00

O valor do Payback é definido pelo último ano em que o valor acumulado da terceira coluna se apresenta negativo – no caso, o ano 3 –, mais a divisão entre o módulo do último valor negativo da coluna acumulada pelo valor do capital do ano seguinte – no caso, $ 100,00/$ 300,00 –, o que resulta em 0,33; portanto, neste caso, o Payback é 3,33 anos.

5.1.3 Payback Descontado

A análise do Payback Descontado utiliza uma tabela parecida com a do Payback Simples, porém acrescida de uma coluna. A primeira coluna apresenta o período-base utilizado; a segunda coluna, os valores do fluxo de caixa de cada ano; a terceira, o valor do fluxo de caixa descontada a taxa de juros; a quarta, os valores financeiros acumulados.

Nos casos em que existem custos de manutenção associados à implantação do projeto, o valor do fluxo de caixa deve ser a diferença entre as receitas advindas da redução na fatura de energia elétrica e os custos adicionais de manutenção.

No exemplo a seguir o investimento inicial é de $ 1.000,00, as receitas em cada ano são de $ 300,00 e a taxa de juros é de 10% ao ano.

EXEMPLO

Ano	Capital	Capital descontado	Acumulado
0	$ -1.000,00	$ -1.000,00	$ -1.000,00
1	$ 300,00	$ 272,70	$ -727,30
2	$ 300,00	$ 247,90	$ 479,40
3	$ 300,00	$ 225,40	$ -254,00
4	$ 300,00	$ 204,90	$ -49,10
5	$ 300,00	$ 186,30	$ 137,20

A taxa de juros é aplicada na terceira coluna, dividindo o valor da segunda coluna por 1,1 (por se tratar de uma taxa de 10 %), e a taxa se acumula para os anos subsequentes; portanto, no ano 2, a divisão é feita por $(1,1)^2$, no ano 3 é feita por $(1,1)^3$ e assim por diante.

Neste caso, o último valor negativo está no ano 4 e o resultado deve ser esse valor somado à divisão entre o módulo do último valor acumulado negativo – no caso, $ 49,10 –, pelo valor do capital descontado do ano seguinte – no caso, $ 186,30 –, o que resulta em 0,26. Assim, o resultado do Payback Descontado é 4,26 anos.

5.1.4 Valor Presente Líquido

O cálculo do VPL desconta a taxa de juros sobre o fluxo de caixa considerado em determinado período, e a taxa de juros é aplicada proporcionalmente ao período em que está alocada essa despesa ou receita. Por exemplo, o fluxo de caixa do ano 2 é subtraído dos juros de dois anos. Para que esse valor seja representado no mesmo período do investimento inicial, o fluxo de caixa do ano 3 é subtraído dos juros de três anos e assim sucessivamente. O período pode ser determinado pela vida útil dos equipamentos que estão sendo instalados.

Dessa forma, o valor do investimento inicial é subtraído do valor das receitas em valor presente, e se o resultado for positivo, significa que o projeto apresenta receitas superiores às despesas. Caso o valor seja negativo, significa que as receitas em valor presente são superiores às despesas.

A seguir, está a fórmula matemática que representa o cálculo do Valor Presente Líquido:

$$VPL = -Civ + \sum_{t=1}^{T} FCt / (1 + i)^{t} \qquad \text{(Equação 5.1)}$$

em que:

Civ: custo de investimento.

FC: fluxo de caixa do período t.

t: número do período em que foi determinado o fluxo de caixa.

i: taxa de juros (custo de oportunidade).

Esse cálculo pode ser realizado com a utilização do software Excel, que possui uma função específica, de mesmo nome (VPL), para calcular esse indicador. As calculadoras financeiras, como a HP-12C, também possuem funções pré-programadas que efetuam o cálculo do VPL.

5.1.5 Taxa Interna de Retorno

O cálculo da TIR é similar ao cálculo do VPL, com a diferença de que no VPL já está definida a taxa de juros que será considerada, sendo o resultado o valor financeiro em unidade monetária.

No caso da TIR, o que seria o valor monetário é o valor 0 e o que seria a taxa de juros no cálculo do VPL é justamente o resultado do cálculo, portanto, o cálculo da TIR resulta na taxa de retorno do investimento, a qual deve ser comparada com a taxa de juros aplicada pelo mercado. Dessa forma, o investidor avalia se o dinheiro trará mais retorno se aplicado no projeto ou se mantido em uma aplicação bancária, por exemplo.

A seguir está a fórmula matemática que representa o cálculo da TIR.

$$0 = - Civ + \sum_{t=1}^{T} FCt / (1 + TIR)^t \qquad \text{(Equação 5.2)}$$

em que:

Civ: custo de investimento.

FC: fluxo de caixa do período t.

t: número do período em que foi determinado o fluxo de caixa.

Da mesma forma que no cálculo do VPL, é necessária a definição de um horizonte de tempo para a realização do cálculo, com o objetivo de inserir os dados do fluxo de caixa desse período.

O Excel e as calculadoras financeiras também possuem funções pré-programadas que efetuam o cálculo da TIR.

5.2 Fatores de risco e benefícios indiretos

A análise do desempenho financeiro de um projeto deve sempre ser acompanhada de uma análise de risco e da ponderação dos benefícios indiretos proporcionados pelo projeto.

Eventualmente, um projeto que apresenta retorno financeiro razoável, porém, com risco elevado, pode não ser interessante de realizar.

Durante a análise de viabilidade devem ser levantados todos os riscos aos quais o projeto está exposto, avaliando riscos internos, externos, de âmbito financeiro, trabalhista, de projeto, tecnológico, entre outros.

Os fatores associados ao emprego de novas tecnologias também podem ser considerados por eventualmente representarem uma dificuldade na hora de realizar a manutenção.

Fatores associados aos benefícios indiretos também devem ser observados, como o ganho com a imagem. Aplica-se a esse caso tipicamente a realização de um projeto de eficiência energética, em que somente a realização do projeto pode não representar um ganho financeiro significativo, porém a empresa pode utilizar esse aspecto como um argumento de marketing, alegando que possui grande preocupação com o meio ambiente e a sustentabilidade.

A análise de viabilidade estará completa ao unir o desempenho financeiro do projeto aos riscos envolvidos na execução e aos benefícios indiretos trazidos.

ATIVIDADES

1. Qual é a técnica de análise de investimento mais simples existente?
2. Relacione os itens que devem ser considerados despesas e os que devem ser considerados receitas na análise de viabilidade de correção do fator de potência com a instalação do banco de capacitores.
3. Calcule o Payback Descontado, considerando um investimento inicial de 500, receitas em cada ano de 200 e taxa de juros de 10% ao ano.

CAPÍTULO 6

Certificação Ambiental de Edificações

No mercado, existem diversos tipos de certificação ambiental que se aplicam a edificações. Essas certificações verificam os aspectos de eficiência energética, de impacto no meio ambiente, de uso racional de água, entre outros fatores que, se atendidos, permitem que o empreendimento seja certificado.

A seguir são apresentadas algumas das principais certificações existentes no mundo:

- Aqua (Brasil);
- Procel (Brasil);
- Green Star (Austrália);
- LEED (Estados Unidos);
- Ecohomes (Reino Unido);
- Casbee (Japão);
- Breeam (Reino Unido);
- HQE (França);
- H&E (França).

As três certificações usuais no Brasil são Aqua, Procel e LEED, apresentadas a seguir em detalhes.

6.1 Certificação Aqua

O termo Aqua significa Alta Qualidade Ambiental do Edifício e possui como principais objetivos gerenciar os impactos da edificação sobre o ambiente exterior e criar um espaço interior saudável e confortável.

Essa certificação foi elaborada por um grupo de especialistas liderados pela Fundação Vanzolini e adaptada da certificação francesa HQE.

Como a maior parte das certificações existentes no mundo, utiliza parâmetros de seus países de origem. A certificação Aqua possui como destaque o emprego de critérios e parâmetros regionais, desenvolvidos e estudados para as características brasileiras.

Existem parâmetros e critérios específicos para edifícios em construção, em operação e para bairros e loteamentos.

A seguir serão apresentados os requisitos e as exigências da Aqua para um edifício não residencial que esteja em construção. A análise de qualidade ambiental do edifício avalia 14 itens, conforme ilustrado na Tabela 6.1.

Tabela 6.1 Requisitos da certificação Aqua para um edifício não residencial em construção

Gerenciar impactos sobre o ambiente exterior	Criar espaço interior sadio e confortável
Ecoconstrução	Conforto
1 Edifício e entorno 2 Produtos, sistemas e processos construtivos 3 Canteiro de obras	8 Conforto higrotérmico 9 Conforto acústico 10 Conforto visual 11 Conforto olfativo
4 Energia 5 Água 6 Resíduos 7 Manutenção	12 Qualidade dos espaços 13 Qualidade do ar 14 Qualidade da água

Fonte: Adaptado do Referencial de avaliação da qualidade ambiental de edifícios não residenciais em construção.

A avaliação desses itens não é feita sob pontuação, mas com uma classificação qualitativa em quatro níveis, que são: Não Conforme, Base, Boas Práticas e Melhores Práticas.

A avaliação realizada em cada categoria e nível resulta em uma pontuação (que a certificação denomina estrelas). De acordo com essa pontuação, a edificação pode ser certificada em cinco categorias diferentes:

- HQE Pass;
- HQE Good;
- HQE Very Good;
- HQE Excellent;
- HQE Exceptional.

A Fundação Vanzolini publicou o referencial técnico da certificação Aqua, que apresenta todos os critérios necessários para sua obtenção. O item 4 do referencial aplica-se à gestão da energia, que se subdivide em três critérios de avaliação:

- 4.1 Redução do consumo de energia por meio da concepção arquitetônica;
- 4.2 Redução do consumo de energia primária;
- 4.3 Redução das emissões de poluentes na atmosfera.

O subitem 4.1 visa orientar os projetos a ter o máximo possível de aproveitamento térmico, com redução da absorção de calor pela envoltória, reduzindo a necessidade de resfriamento artificial do ar, bem como em períodos frios, aproveitando esse ar externo e o calor interno para evitar a necessidade de aquecimento artificial do ar.

No caso do subitem 4.2, é incentivada a eficiência energética nos equipamentos que consomem energia e a utilização de energia renovável.

Sob o ponto de vista de eficiência da utilização da energia, são incentivadas as máximas otimizações nos sistemas de iluminação, aquecimento de ambiente, aquecimento de água, condicionamento do ar, ventilação e equipamentos. Em relação a energias renováveis, quanto maior for a participação de fontes renováveis no consumo do edifício, melhor será a avaliação.

Em relação ao subitem 4.3, a edificação é melhor classificada quanto menor a emissão de gases que agridem a atmosfera. Basicamente é avaliada a quantidade de gases emitidos pelo consumo das fontes de energia e também considerando a escolha do fluido refrigerante que apresente menor impacto ao meio ambiente, para uso nos equipamentos de ar-condicionado.

6.2 Programa Brasileiro de Etiquetagem do Procel

O Programa Brasileiro de Etiquetagem (PBE) do Procel já é popularmente conhecido pela sua aplicação em eletrodomésticos e outros equipamentos utilizados pela população de uma forma geral, porém, a partir de 2009, ele também passou a ser aplicável a edificações, como prédios públicos, comerciais e de serviços.

De acordo com as regras da certificação, as edificações são classificadas de A a E, sendo a classificação A aquela com o maior nível de eficiência, ou seja, menor consumo de energia.

Essa certificação possui três grandes critérios divididos em envoltória (cobertura, fachada e elementos como portas e janelas), iluminação (tipo, setorização e distribuição de circuitos) e climatização (gasto relativo ao conforto térmico da construção, como o uso do ar-condicionado).

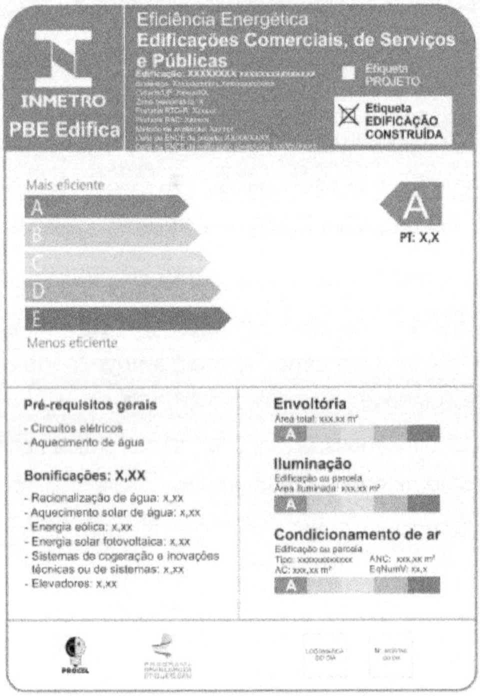

Figura 6.1 Etiqueta nacional de conservação de energia para edificações.

Para obter a classificação geral da edificação, cada um desses três critérios possui os seguintes percentuais de participação:

- sistema de iluminação: 30%;
- sistema de condicionamento de ar: 40%;
- envoltória: 30%.

A metodologia aplicada na certificação foi desenvolvida pela Eletrobras e pelo Laboratório de Eficiência Energética em Edificações (LabEEE), da Universidade Federal de Santa Catarina (UFSC), com a participação de uma comissão de representantes do Inmetro, do Centro de Pesquisas de Energia Elétrica (Cepel), do Conselho Federal de Engenharia e Agronomia (Confea), do Instituto de Arquitetos do Brasil (IAB), da Caixa Econômica Federal, entre outros.

Atualmente, essa etiquetagem é voluntária, porém, desde 2014, ela é obrigatória para novas edificações comerciais e de serviços públicos. O enquadramento possui como regras a área útil mínima da edificação de 500 m² e/ou tensão de fornecimento da energia elétrica superior ou igual a 2,3 kV, ou inferior a 2,3 kV atendido pelo sistema subterrâneo e tarifado pelo sistema AS.[1]

---

1 Sistema que cobra a tarifa de energia e demanda separadamente.

6.3 Certificação LEED

Trata-se de uma certificação elaborada nos Estados Unidos pelo US Green Building Council e que foi trazida para o Brasil com a criação do Green Building Council Brasil, que possui a missão de desenvolver a indústria da construção sustentável no País, conduzindo à adoção de práticas ambientalmente corretas em um processo integrado de concepção, implantação, construção e operação de edificações e espaços construídos.

A sigla LEED significa *Leadership in Energy and Environmental Design*, que em português quer dizer Liderança em Energia e Design Ambiental. Essa certificação possui quatro categorias principais, sendo uma delas – a mais conhecida – a certificação LEED, e as demais são Casa, Condomínio e Zero Energy.

A certificação LEED possui quatro tipos: Novas Construções, Design de Interiores, Edifícios Existentes e Bairros.

Para exemplificar um sistema de pontuação, são apresentados a seguir os requisitos para novas construções de acordo com a versão 2019 da certificação. A pontuação está dividida em oito grandes critérios:

- localização e transporte;
- terrenos sustentáveis;
- eficiência hídrica;
- energia e atmosfera;
- materiais e recursos;
- qualidade do ambiente interno;
- inovação;
- prioridade regional.

Para todos os critérios, existem pré-requisitos e créditos. Os pré-requisitos são ações obrigatórias para que o empreendimento seja elegível a certificação. Os créditos formam um sistema de pontuação, que permite não apenas a obtenção da pontuação, como também classificar em que nível de certificação é possível o enquadramento.

A pontuação total para novas construções da versão 2019 da certificação permite a obtenção de até 110 pontos, sendo a certificação obtida a partir de 40 pontos. De acordo com o número alcançado, é aplicada determinada classificação, conforme o critério a seguir:

- **Certified:** 40 a 49 pontos.
- **Silver:** 50 a 59 pontos.
- **Gold:** 60 a 79 pontos.
- **Platinum:** 80 pontos ou mais.

A seguir, estão reproduzidos todos os itens avaliados em cada um desses oito critérios, com a respectiva pontuação possível de ser obtida. Nota-se que alguns critérios possuem pré-requisitos que precisam ser atendidos, independentemente da pontuação atingida.

Tabela 6.2 Tabela de pontuação da certificação LEED para novas construções

LEED v4 for BD+C: New Construction and Major Renovation
Project Checklist
Project Name:
Date:

Y	?	N			
			Credit	Integrative Process	1

0	0	0	**Location and Transportation**		**16**
			Credit	LEED for Neighborhood Development Location	16
			Credit	Sensitive Land Protection	1
			Credit	High Priority Site	2
			Credit	Surrounding Density and Diverse Uses	5
			Credit	Access to Quality Transit	5
			Credit	Bicycle Facilities	1
			Credit	Reduced Parking Footprint	1
			Credit	Green Vehicles	1

0	0	0	**Sustainable Sites**		**10**
Y			Prereq	Construction Activity Pollution Prevention	Required
			Credit	Site Assessment	1
			Credit	Site Development – Protect or Restore Habitat	2
			Credit	Open Space	1
			Credit	Rainwater Management	3
			Credit	Heat Island Reduction	2
			Credit	Light Pollution Reduction	1

0	0	0	**Water Efficiency**		**11**
Y			Prereq	Outdoor Water Use Reduction	Required
Y			Prereq	Indoor Water Use Reduction	Required
Y			Prereq	Building-Level Water Metering	Required
			Credit	Outdoor Water Use Reduction	2
			Credit	Indoor Water Use Reduction	6
			Credit	Cooling Tower Water Use	2
			Credit	Water Metering	1

➔

➔

0	0	0	**Energy and Atmosphere**		**33**
Y			Prereq	Fundamental Commissioning and Verification	Required
Y			Prereq	Minimum Energy Performance	Required
Y			Prereq	Building-Level Energy Metering	Required
Y			Prereq	Fundamental Refrigerant Management	Required
			Credit	Enhanced Commissioning	6
			Credit	Optimize Energy Performance	18
			Credit	Advanced Energy Metering	1
			Credit	Demand Response	2
			Credit	Renewable Energy Production	3
			Credit	Enhanced Refrigerant Management	1
			Credit	Green Power and Carbon Offsets	2

0	0	0	**Materials and Resources**			**13**
Y			Prereq	Storage and Collection of Recyclables		Required
Y			Prereq	Construction and Demolition Waste Management Planning		Required
			Credit	Building Life-Cycle Impact Reduction		5
			Credit	Building Product Disclosure and Optimization – Environmental Product		2
			Credit	Declarations		2
			Credit	Building Product Disclosure and Optimization – Sourcing of Raw Materials		2
			Credit	Building Product Disclosure and Optimization – Material Ingredients		2

0	0	0	**Indoor Environmental Quality**		**16**
Y			Prereq	Minimum Indoor Air Quality Performance	Required
Y			Prereq	Environmental Tobacco Smoke Control	Required
			Credit	Enhanced Indoor Air Quality Strategies	2
			Credit	Low-Emitting Materials	3
			Credit	Construction Indoor Air Quality Management Plan	1
			Credit	Indoor Air Quality Assessment	2
			Credit	Thermal Comfort	1
			Credit	Interior Lighting	2
			Credit	Daylight	3
			Credit	Quality Views	1
			Credit	Acoustic Performance	1

➔

→

0	0	0	**Innovation**			**6**
			Credit	Innovation		5
			Credit	LEED Accredited Professional		1

0	0	0	**Regional Priority**			**4**
			Credit	Regional Priority: Specific Credit		1
			Credit	Regional Priority: Specific Credit		1
			Credit	Regional Priority: Specific Credit		1
			Credit	Regional Priority: Specific Credit		1
0	0	0	**TOTALS**		Possible Points:	**110**

Certified: 40 to 49 points, **Silver:** 50 to 59 points, **Gold:** 60 to 79 points, **Platinum:** 80 to 110.

Cada pré-requisito e cada crédito possui um detalhamento das exigências que devem ser cumpridas para sua obtenção. No site do Green Building Council Brasil[2] é possível obter, em detalhes, as providências que devem ser adotadas para alcançar essa pontuação.

Uma auditoria é realizada com o objetivo de avaliar os créditos e os pré-requisitos que foram atingidos, pontuando a edificação até finalizar com o parecer se a pontuação foi atingida e em qual tipo de certificação ela está enquadrada.

ATIVIDADES

1. Liste cinco certificações ambientais existentes.
2. Quais são as três fases da certificação Aqua?
3. Quantos itens são avaliados na certificação Aqua e quais são os níveis de avaliação qualitativa mínimos de desempenho que devem ser atingidos?
4. Descreva os oito critérios que a certificação LEED avalia.
5. Qual é a participação percentual no peso do Sistema de Iluminação, do Sistema de Condicionamento de Ar e da Envoltória da certificação Selo Procel para edificações?

2 Disponível em: <http://www.gbcbrasil.org.br>. Acesso em: 15 dez. 2019.

CAPÍTULO 7

ISO 50001

Com base nos assuntos tratados neste livro, considerando o contexto de gerenciamento e uso racional de energia elétrica, bem como os conceitos relevantes associados ao tema eficiência energética, é possível afirmar que:

- todo processo industrial utiliza energia nas formas de ar comprimido, calor (térmica), vapor, luminosa, motriz, entre outras, cuja fonte primária normalmente é a energia elétrica;
- é mais barato investir em eficiência energética e, consequentemente, na redução do consumo de energia, do que criar formas ou aumentar a quantidade de energia gerada;
- a sociedade e o meio técnico estão conscientes de que o planeta não possui recursos naturais e fontes inesgotáveis de energia elétrica;
- a melhoria do desempenho energético de uma instalação resulta em benefícios econômicos e socioambientais.

Portanto, não há dúvidas que realizar a gestão energética é uma ação importante e tem sido considerada como necessária, e até mesmo estratégica, para muitas organizações. Contudo, a gestão de energia não deve ser confundida com ações isoladas de eficiência energética, mesmo se adotadas adequadamente, a exemplo da troca de um sistema de iluminação por outro mais eficiente.

A necessidade de criar um mecanismo que permitisse o uso racional de energia de forma permanente e estruturada resultou na criação de um Sistema de Gestão de Energia denominado ISO 50001, o qual constitui excelente ferramenta de gestão.

A ideia nasceu em 2007, quando a United Nations Industrial Development Organization (Unido – em português, Organização das Nações Unidas para o Desenvolvimento Industrial) deu início ao desenvolvimento de uma norma para gestão de energia na indústria. Assim, com a participação efetiva de cerca de 40 países e organizações representativas, iniciou-se, em 2008, a construção de uma norma contendo técnicas de gestão que permitissem alcançar ganhos sistemáticos de eficiência energética.

Com base na importância que reveste o assunto, foi publicada no Brasil, em 2011, a norma ABNT NBR ISO 50001. Para permitir o entendimento e fornecer suporte necessário à aplicação da norma nos diversos segmentos de mercado, foram criadas cinco normas técnicas complementares:

- **ABNT NBR ISO 50002:** Diagnósticos energéticos – Requisitos com orientação para uso;
- **ABNT NBR ISO 5000:** Sistemas de gestão de energia – Requisitos para organismos de auditoria e certificação de sistemas de gestão de energia;
- **ABNT NBR ISO 50004:** Sistemas de gestão de energia – Guia para implementação, manutenção e melhoria de um sistema de gestão de energia;
- **ABNT NBR ISO 50006:** Sistema de gestão de energia – Medição do desempenho energético utilizando linhas de base energética (LBE) e indicadores de desempenho energético (IDE) – Princípios gerais e orientações;
- **ABNT NBR ISO 50015:** Sistemas de gestão de energia – Medição e verificação do desempenho energético das organizações – Princípios gerais e orientações.

Vale destacar que a essência da ISO 50001 tem por base os sistemas de gestão utilizados por empresas, a exemplo da gestão da qualidade (ISO 9001) e gestão ambiental (ISO 14001).

O ponto de partida considera que a gestão de energia pode ser aplicada a qualquer segmento de negócio, tamanho ou quantidade de uso e consumo de energia. Embora o comércio e a indústria detenham o maior potencial de economia de energia, o setor público apresenta bons resultados, considerando que os conceitos podem ser utilizados em qualquer segmento denominado, a partir desse ponto, como uma organização.

O texto original da ISO 50001, publicada em 2011, passou pelo processo de revisão que resultou, em agosto de 2018, em sua segunda versão, cujo propósito é aclarar determinados pontos e contribuir para a melhoria contínua do sistema de gestão.

A implantação e a manutenção de sistemas de gestão são realizadas com base em ferramentas administrativas, nas quais se destaca o método conhecido como PDCA, amplamente utilizado em sistemas de gestão de qualidade e que veremos mais adiante neste capítulo.

7.1 Definições de um sistema de gestão de energia

Visando facilitar o entendimento do tema, a seguir são apresentados os conceitos fundamentais que norteiam a estruturação do Sistema de Gestão de Energia (SGE):

- **Consumo energético:** o consumo energético representa a quantidade de energia aplicada.
- **Desempenho energético:** são os resultados mensuráveis relacionados à eficiência energética, ao uso e ao consumo de energia.
- **Eficiência energética:** representa a relação direta entre a energia requerida pelo sistema e a energia efetivamente utilizada. A eficiência energética está associada a um tipo de tecnologia utilizada, a exemplo de compressores a pistão e a parafuso, motores de alto rendimento e motores convencionais etc.
- **Escopo e fronteira:** o escopo pode contemplar mais de uma fronteira e, normalmente, está associado à atividade principal da organização considerando os processos produtivos. A norma estabelece que deve ser delimitado o campo de atuação do sistema de gestão de energia.
- **Indicador de desempenho energético (IDE):** reflete o indicador quantitativo de desempenho energético definido pela organização a partir da comparação com a linha de base energética em um dado momento. É de fundamental importância identificar os indicadores de desempenho energético apropriados para monitoramento e medição do desempenho energético. A metodologia que determina e atualiza os índices de desempenho deve ser registrada e revisada regularmente.

O IDE é basilar na avaliação da melhoria do desempenho energético, visto que, na prática, indica se a meta energética prevista está sendo atendida. Ao se comparar um IDE durante a linha de base com o período posterior à operação do SGE, é possível constatar se estão sendo alcançados os resultados esperados em função das ações implementadas. Vale destacar que, na fase de planejamento, podem ser definidos vários IDE.

Gráfico 7.1 Representação do indicador de desempenho energético

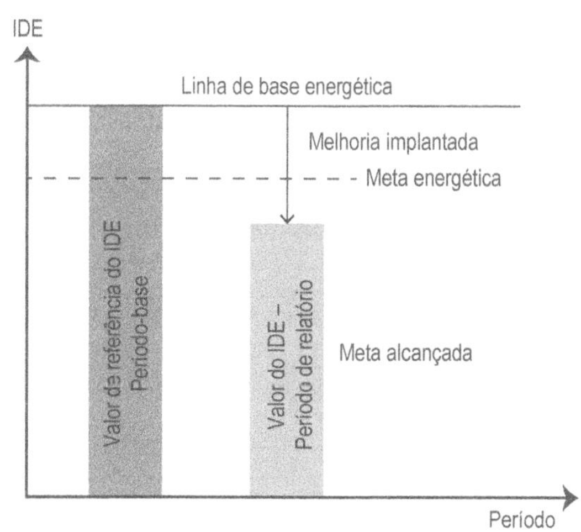

Vale destacar que não existe uma metodologia padrão definida por meio da ISO 50001 para determinar os IDE. Dessa forma, fica a cargo da equipe responsável pelo SGE determinar quais são os indicadores adequados.

- **Linha de base energética (LBE):** a linha de base energética representa o valor de referência para avaliação do desempenho energético. Permite verificar o comportamento dos IDEs, seja no período anterior ao início da implantação do SGE ou de ações que visem alcançar uma melhoria.

  A partir da comparação entre a realidade anterior e a posterior, a organização demonstra se houve melhoria do desempenho energético. Para que seja possível estabelecer a avaliação, devem ser definidos os quantitativos de referência, conforme mostra o Gráfico 7.2.

Gráfico 7.2 Representação da linha energética de base

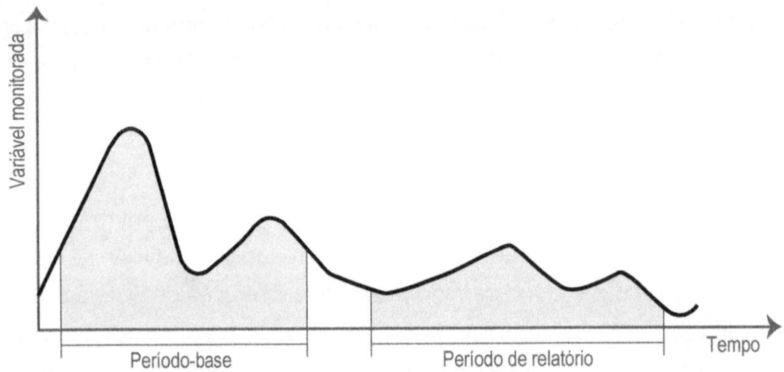

  A escolha da linha de base energética dever ser fundamentada de maneira que o período observado não apresente dados contaminados por situações atípicas resultantes de mudanças climáticas, que provoquem variações bruscas de temperatura, entre outros, retratando fielmente a realidade dos aspectos de uso e do consumo.

  Informações complementares sobre como definir a linha de LBE e os IDE estão disponíveis na ABNT NBR ISO 50006 – Medição do Desempenho Energético utilizando Linhas de Base Energética e Indicadores de Desempenho Energético – Princípios Gerais e Orientações.

- **Metas energéticas:** na prática, a organização apresenta o valor de redução que pretende alcançar, o que difere da intenção de apenas reduzir valores de consumo a título de economia. Tendo em vista a relação existente entre as metas e os indicadores de desempenho energético, as metas energéticas devem ser apresentadas de forma detalhada e mensurável, indicando quais valores devem ser alcançados dos indicadores de desempenho em determinado horizonte de tempo.

- **Objetivos energéticos:** considera a intenção geral da organização para reduzir o consumo de energia e serve como orientação geral para as ações do SGE detalhando, além dos resultados, as realizações para obter a eficiência dos processos produtivos.
- **Política energética:** a política energética reflete o posicionamento da direção da organização com relação ao assunto, por meio de uma declaração que apresente suas intenções e os compromissos assumidos com base no desempenho energético.
- **Revisão energética:** representa uma importante etapa no desenvolvimento de um SGE, na qual a ISO 50001 estabelece que, por meio de dados, a organização identifique quais são as oportunidades de melhoria e como se dará o uso da energia considerando as condições de consumo e eficiência.
- **Uso significativo de energia:** as ações de melhoria de desempenho energético devem ser estabelecidas por meio de um processo de priorização das oportunidades existentes. Devem considerar o uso final, que apresenta o maior potencial de redução de consumo.
- **Uso energético:** o uso energético estabelece como se dá a aplicação de energia, por meio do uso final a exemplo do acionamento de motores, geração de ar comprimido, iluminação, refrigeração, entre outros. Representa, ainda, o correto entendimento sobre o uso da energia dentro da organização frente aos diversos processos.

7.2 Aplicação do PDCA

O ciclo PDCA é amplamente utilizado em sistemas de gestão da qualidade. Neste tópico, ele será apresentado com o direcionamento para ser aplicado especificamente no gerenciamento de energia.

7.2.1 Plano PDCA

O nome PDCA resulta das quatro primeiras letras das palavras inglesas Plan, Do, Check e Act, que significam: Planejar, Fazer, Controlar e Agir.

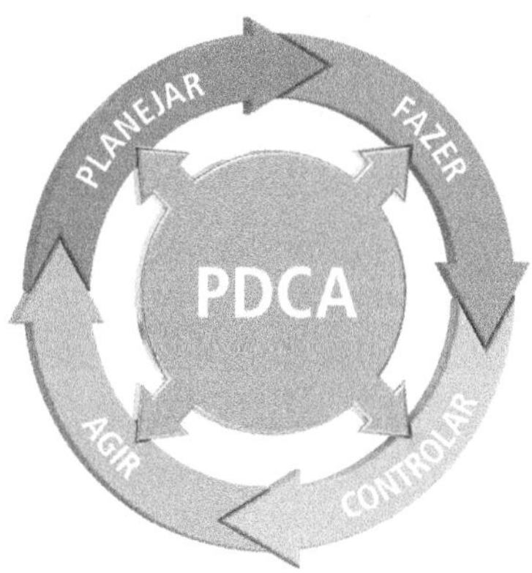

Figura 7.1 Representação do ciclo PDCA.

7.2.1.1 Planejamento (Plan)

Durante a etapa de planejamento são estabelecidos os objetivos e as metas energéticas. Constitui, portanto, o período destinado ao detalhamento dos processos internos e os respectivos usos específicos da energia.

Durante a etapa de planejamento, deve ser realizado um mapeamento do uso completo de energia na organização, aproveitando essa oportunidade para mapear os usos energéticos que indicam potencial de eficiência.

Onde houver indicação de potencial de eficiência, devem ser avaliadas quais ações podem ser desenvolvidas para tornar mais eficiente o uso de energia. Essas ações devem ser estruturadas de modo que seja possível realizar uma avaliação da sua relação custo-benefício, para identificar quais são os investimentos necessários no âmbito do SGE e, caso seja justificada a viabilidade econômica, a organização poderá buscar implementá-las.

A partir das informações apuradas no planejamento, é possível definir os parâmetros que permitem a medição sistemática do desempenho energético, bem como analisar quais são as melhorias que devem ser implementadas.

7.2.1.2 Plano de ações (Do)

Contempla os procedimentos necessários para alcançar os objetivos e as metas energéticas de acordo com o planejamento.

O plano de ação pode ser setorizado em decorrência do mapeamento das reais e urgentes necessidades de cada área, por meio de uma análise financeira, o que possibilita o gerenciamento de cada setor por meio dos integrantes da área considerando os objetivos, as metas vinculadas, os recursos necessários, o prazo previsto para implantação e os métodos de avaliação do desempenho energético.

Tabela 7.1 Exemplo de plano de ação, incluindo metas e objetivos

Objetivo	Meta	Ação	Responsáveis	Prazo
Reduzir o montante de energia elétrica consumida anualmente.	Reduzir em 15% o consumo anual de energia elétrica comparado com o consumo de 2017, considerando um aumento de 5% na produção final.	Implantar programa de manutenção no sistema de iluminação. Substituir os motores com idade superior a dez anos por outros de melhor rendimento. Instalar novo reservatório para armazenagem de ar comprimido.	Gerência de manutenção. Setor de compras.	X meses

É nessa etapa que são desenvolvidos os projetos de eficiência energética, que podem estar relacionados a troca de equipamentos, ajustes na operação e até mesmo restrito apenas a mudanças de hábitos, comportamentos ou procedimentos de trabalho.

7.2.1.3 Plano de checagem (Check)

É no plano de checagem que será avaliado se as metas propostas durante o planejamento foram alcançadas. Nessa etapa será verificado, na prática, qual é o desempenho energético, considerando as melhorias projetadas.

Para quantificar, é necessário medir. Contudo, a metodologia de medição e análise depende de cada organização e deve estruturar a tomada de decisões e as ações necessárias para ajustar o desempenho energético.

Os IDEs e os LBEs constituem a base do processo de monitoramento em conjunto com a metodologia de medição escolhida pela organização.

7.2.1.4 Plano de ação (Act)

O planejamento da gestão energética em uma organização contempla identificar as oportunidades de economia e melhoria do desempenho energético, que resulta em vários benefícios, a exemplo de novas soluções tecnológicas aplicadas em práticas operacionais, que refletem na administração dos recursos da organização e do meio ambiente.

Diante do grande número de variáveis envolvidas, o resultado pode divergir daquele previsto durante o planejamento, indicando que uma revisão precisa ser feita com base na estrutura geral do SGE.

Várias são as causas que podem contribuir para que tal fato ocorra, indo desde ausência dos recursos financeiros anteriormente previstos, dificuldade no envolvimento da alta cúpula da organização, resistência dos colaboradores, até falha ou falta de capacitação e competência de integrantes das equipes, entre outros.

Contudo, considerando que durante o período previsto os objetivos inicialmente estabelecidos foram alcançados, é importante buscar novos desafios, visto que o processo de melhoria contínua prevê que seja refeito o planejamento original a partir de uma nova realidade.

O Sistema de Gestão de Energia segundo a ABNT NBR ISO 50001, além de fornecer as ferramentas necessárias, permite que a melhoria contínua do desempenho energético faça parte do cotidiano das organizações de tal forma que a redução do consumo de energia seja parte integrante do planejamento estratégico e traduza-se no longo prazo, contribuindo para a redução dos custos fixos e de produção.

ATIVIDADES

1. Quais são as normas que formam a série ISO 50001?
2. O que significa o Índice de Desempenho Energético (IDE)?
3. Defina o conceito de linha de base.

Anexos

Anexo A

Tabela com fator multiplicativo para a fórmula de correção do fator de potência

FP Atual   Fator de potência corrigido

	0.80	0.81	0.82	0.83	0.84	0.85	0.86	0.87	0.88	0.89	0.90	0.91	0.92	0.93	0.94	0.95	0.96	0.97	0.98	0.99	1.00
0.50	0.982	1.008	1.034	1.060	1.086	1.112	1.139	1.165	1.192	1.220	1.248	1.276	1.306	1.337	1.369	1.403	1.440	1.481	1.529	1.589	1.732
0.51	0.937	0.962	0.989	1.015	1.041	1.067	1.094	1.120	1.147	1.175	1.203	1.231	1.261	1.292	1.324	1.358	1.395	1.436	1.484	1.544	1.687
0.52	0.893	0.919	0.945	0.971	0.997	1.023	1.050	1.076	1.103	1.131	1.159	1.187	1.217	1.248	1.280	1.314	1.351	1.392	1.440	1.500	1.643
0.53	0.850	0.876	0.902	0.928	0.954	0.980	1.007	1.033	1.060	1.088	1.116	1.144	1.174	1.205	1.237	1.271	1.308	1.349	1.397	1.457	1.600
0.54	0.809	0.835	0.861	0.887	0.913	0.939	0.966	0.992	1.019	1.047	1.075	1.103	1.133	1.164	1.196	1.230	1.267	1.308	1.356	1.416	1.559
0.55	0.769	0.795	0.821	0.847	0.873	0.899	0.926	0.952	0.979	1.007	1.035	1.063	1.093	1.124	1.156	1.190	1.227	1.268	1.316	1.376	1.519
0.56	0.730	0.756	0.782	0.808	0.834	0.860	0.887	0.913	0.940	0.968	0.996	1.024	1.054	1.085	1.117	1.151	1.188	1.229	1.277	1.337	1.480
0.57	0.692	0.718	0.744	0.770	0.796	0.822	0.849	0.875	0.902	0.930	0.958	0.986	1.016	1.047	1.079	1.113	1.150	1.191	1.239	1.299	1.442
0.58	0.655	0.681	0.707	0.733	0.759	0.785	0.812	0.838	0.865	0.893	0.921	0.949	0.979	1.010	1.042	1.076	1.113	1.154	1.202	1.262	1.405
0.59	0.619	0.645	0.671	0.697	0.723	0.749	0.776	0.802	0.829	0.857	0.885	0.913	0.943	0.974	1.006	1.040	1.077	1.118	1.166	1.226	1.369
0.60	0.583	0.609	0.635	0.661	0.687	0.713	0.740	0.766	0.793	0.821	0.849	0.877	0.907	0.938	0.970	1.004	1.041	1.082	1.130	1.190	1.333
0.61	0.549	0.575	0.601	0.627	0.653	0.679	0.706	0.732	0.759	0.787	0.815	0.843	0.873	0.904	0.936	0.970	1.007	1.048	1.096	1.156	1.299
0.62	0.516	0.542	0.568	0.594	0.620	0.646	0.673	0.699	0.726	0.754	0.782	0.810	0.840	0.871	0.903	0.937	0.974	1.015	1.063	1.123	1.266
0.63	0.483	0.509	0.535	0.561	0.587	0.613	0.640	0.666	0.693	0.71	0.749	0.777	0.807	0.838	0.870	0.904	0.941	0.982	1.030	1.090	1.233
0.64	0.451	0.474	0.503	0.529	0.555	0.581	0.608	0.634	0.661	0.689	0.717	0.745	0.775	0.806	0.838	0.872	0.909	0.950	0.998	1.068	1.201
0.65	0.419	0.445	0.471	0.497	0.523	0.549	0.576	0.602	0.629	0.657	0.685	0.713	0.743	0.774	0.806	0.840	0.877	0.918	0.966	1.026	1.169
0.66	0.388	0.414	0.440	0.466	0.492	0.518	0.545	0.571	0.598	0.626	0.654	0.682	0.712	0.743	0.775	0.809	0.846	0.887	0.935	0.995	1.138
0.67	0.358	0.384	0.410	0.436	0.462	0.488	0.515	0.541	0.568	0.596	0.624	0.652	0.682	0.713	0.745	0.779	0.816	0.857	0.905	0.965	1.108
0.68	0.328	0.354	0.380	0.406	0.432	0.458	0.485	0.511	0.538	0.566	0.594	0.622	0.652	0.683	0.715	0.749	0.786	0.827	0.875	0.935	1.049
0.69	0.299	0.325	0.351	0.377	0.403	0.429	0.456	0.482	0.509	0.537	0.565	0.593	0.623	0.654	0.686	0.720	0.757	0.798	0.846	0.906	1.049
0.70	0.270	0.296	0.322	0.348	0.374	0.400	0.427	0.453	0.480	0.508	0.536	0.564	0.594	0.625	0.657	0.691	0.728	0.769	0.817	0.877	1.020

➔

➔

0.71	0.242	0.268	0.294	0.320	0.346	0.372	0.399	0.425	0.452	0.480	0.508	0.536	0.566	0.597	0.629	0.663	0.700	0.741	0.789	0.849	0.992
0.72	0.214	0.240	0.266	0.292	0.318	0.344	0.371	0.397	0.424	0.452	0.480	0.508	0.538	0.569	0.601	0.635	0.672	0.713	0.761	0.821	0.964
0.73	0.186	0.212	0.238	0.264	0.290	0.316	0.343	0.369	0.396	0.424	0.452	0.480	0.510	0.541	0.573	0.607	0.644	0.685	0.733	0.793	0.936
0.74	0.159	0.185	0.211	0.237	0.263	0.289	0.316	0.342	0.369	0.397	0.425	0.453	0.483	0.514	0.546	0.580	0.617	0.658	0.706	0.766	0.909
0.75	0.132	0.158	0.184	0.210	0.236	0.262	0.289	0.315	0.342	0.370	0.398	0.426	0.456	0.487	0.519	0.553	0.590	0.631	0.679	0.739	0.882
0.76	0.105	0.131	0.157	0.183	0.209	0.235	0.262	0.288	0.315	0.343	0.371	0.399	0.429	0.460	0.492	0.526	0.563	0.604	0.652	0.712	0.855
0.77	0.079	0.105	0.131	0.157	0.183	0.209	0.236	0.262	0.289	0.317	0.345	0.373	0.403	0.434	0.466	0.500	0.537	0.578	0.626	0.685	0.829
0.78	0.052	0.078	0.104	0.130	0.156	0.182	0.209	0.235	0.262	0.290	0.318	0.346	0.376	0.407	0.439	0.473	0.510	0.551	0.599	0.659	0.802
0.79	0.026	0.052	0.078	0.104	0.130	0.156	0.183	0.209	0.236	0.264	0.292	0.320	0.350	0.381	0.413	0.447	0.484	0.525	0.573	0.633	0.776
0.80	0.000	0.026	0.052	0.078	0.104	0.130	0.157	0.183	0.210	0.238	0.266	0.294	0.324	0.355	0.387	0.421	0.458	0.499	0.547	0.609	0.750
0.81		0.000	0.026	0.052	0.078	0.104	0.131	0.157	0.184	0.212	0.240	0.268	0.298	0.329	0.361	0.395	0.432	0.473	0.521	0.581	0.724
0.82			0.000	0.026	0.052	0.078	0.105	0.131	0.158	0.186	0.214	0.242	0.272	0.303	0.335	0.369	0.406	0.447	0.495	0.555	0.698
0.83				0.000	0.026	0.052	0.079	0.105	0.132	0.160	0.188	0.216	0.246	0.277	0.309	0.343	0.380	0.421	0.469	0.529	0.672
0.84					0.000	0.026	0.053	0.079	0.106	0.134	0.162	0.190	0.220	0.251	0.283	0.317	0.354	0.395	0.443	0.503	0.646
0.85						0.000	0.027	0.053	0.080	0.108	0.136	0.164	0.194	0.225	0.257	0.291	0.328	0.369	0.417	0.477	0.620
0.86							0.000	0.026	0.053	0.081	0.109	0.137	0.167	0.198	0.230	0.264	0.301	0.342	0.390	0.450	0.593
0.87								0.000	0.027	0.055	0.083	0.111	0.141	0.172	0.204	0.238	0.275	0.316	0.364	0.424	0.567
0.88									0.000	0.028	0.056	0.084	0.114	0.145	0.177	0.211	0.248	0.289	0.337	0.397	0.540
0.89										0.000	0.028	0.056	0.086	0.117	0.149	0.183	0.220	0.261	0.309	0.369	0.512
0.90											0.000	0.028	0.058	0.089	0.121	0.155	0.192	0.233	0.281	0.341	0.484
0.91												0.000	0.030	0.061	0.093	0.127	0.164	0.205	0.253	0.313	0.456
0.92													0.000	0.031	0.063	0.097	0.134	0.175	0.223	0.283	0.426
0.93														0.000	0.032	0.066	0.103	0.144	0.192	0.252	0.395
0.94															0.000	0.034	0.071	0.112	0.160	0.220	0.363
0.95																0.000	0.037	0.079	0.126	0.186	0.329
0.96																	0.000	0.041	0.089	0.149	0.292
0.97																		0.000	0.048	0.108	0.251
0.98																			0.000	0.060	0.203
0.99																				0.000	0.143
1.00																					0.000

FP Atual — Fator de potência corrigido

	0.80	0.81	0.82	0.83	0.84	0.85	0.86	0.87	0.88	0.89	0.90	0.91	0.92	0.93	0.94	0.95	0.96	0.97	0.98	0.99	1.00
0.50	0.982	1.008	1.034	1.060	1.086	1.112	1.139	1.165	1.192	1.220	1.248	1.276	1.306	1.337	1.369	1.403	1.440	1.481	1.529	1.589	1.732
0.51	0.937	0.962	0.989	1.015	1.041	1.067	1.094	1.120	1.147	1.175	1.203	1.231	1.261	1.292	1.324	1.358	1.395	1.436	1.484	1.544	1.687
0.52	0.893	0.919	0.945	0.971	0.997	1.023	1.050	1.076	1.103	1.131	1.159	1.187	1.217	1.248	1.280	1.314	1.351	1.392	1.440	1.500	1.643
0.53	0.850	0.876	0.902	0.928	0.954	0.980	1.007	1.033	1.060	1.088	1.116	1.144	1.174	1.205	1.237	1.271	1.308	1.349	1.397	1.457	1.600
0.54	0.809	0.835	0.861	0.887	0.913	0.939	0.966	0.992	1.019	1.047	1.075	1.103	1.133	1.164	1.196	1.230	1.267	1.308	1.356	1.416	1.559
0.55	0.769	0.795	0.821	0.847	0.873	0.899	0.926	0.952	0.979	1.007	1.035	1.063	1.093	1.124	1.156	1.190	1.227	1.268	1.316	1.376	1.519
0.56	0.730	0.756	0.782	0.808	0.834	0.860	0.887	0.913	0.940	0.968	0.996	1.024	1.054	1.085	1.117	1.151	1.188	1.229	1.277	1.337	1.480
0.57	0.692	0.718	0.744	0.770	0.796	0.822	0.849	0.875	0.902	0.930	0.958	0.986	1.016	1.047	1.079	1.113	1.150	1.191	1.239	1.299	1.442
0.58	0.655	0.681	0.707	0.733	0.759	0.785	0.812	0.838	0.865	0.893	0.921	0.949	0.979	1.010	1.042	1.076	1.113	1.154	1.202	1.262	1.405
0.59	0.619	0.645	0.671	0.697	0.723	0.749	0.776	0.802	0.829	0.857	0.885	0.913	0.943	0.974	1.006	1.040	1.077	1.118	1.166	1.226	1.369
0.60	0.583	0.609	0.635	0.661	0.687	0.713	0.740	0.766	0.793	0.821	0.849	0.877	0.907	0.938	0.970	1.004	1.041	1.082	1.130	1.190	1.333
0.61	0.549	0.575	0.601	0.627	0.653	0.679	0.706	0.732	0.759	0.787	0.815	0.843	0.873	0.904	0.936	0.970	1.007	1.048	1.096	1.156	1.299

➔

→

0.62	0.516	0.542	0.568	0.594	0.620	0.646	0.673	0.699	0.726	0.754	0.782	0.810	0.840	0.871	0.903	0.937	0.974	1.015	1.063	1.123	1.266
0.63	0.483	0.509	0.535	0.561	0.587	0.613	0.640	0.666	0.693	0.71	0.749	0.777	0.807	0.838	0.870	0.904	0.941	0.982	1.030	1.090	1.233
0.64	0.451	0.474	0.503	0.529	0.555	0.581	0.608	0.634	0.661	0.689	0.717	0.745	0.775	0.806	0.838	0.872	0.909	0.950	0.998	1.068	1.201
0.65	0.419	0.445	0.471	0.497	0.523	0.549	0.576	0.602	0.629	0.657	0.685	0.713	0.743	0.774	0.806	0.840	0.877	0.918	0.966	1.026	1.169
0.66	0.388	0.414	0.440	0.466	0.492	0.518	0.545	0.571	0.598	0.626	0.654	0.682	0.712	0.743	0.775	0.809	0.846	0.887	0.935	0.995	1.138
0.67	0.358	0.384	0.410	0.436	0.462	0.488	0.515	0.541	0.568	0.596	0.624	0.652	0.682	0.713	0.745	0.779	0.816	0.857	0.905	0.965	1.108
0.68	0.328	0.354	0.380	0.406	0.432	0.458	0.485	0.511	0.538	0.566	0.594	0.622	0.652	0.683	0.715	0.749	0.786	0.827	0.875	0.935	1.049
0.69	0.299	0.325	0.351	0.377	0.403	0.429	0.456	0.482	0.509	0.537	0.565	0.593	0.623	0.654	0.686	0.720	0.757	0.798	0.846	0.906	1.049
0.70	0.270	0.296	0.322	0.348	0.374	0.400	0.427	0.453	0.480	0.508	0.536	0.564	0.594	0.625	0.657	0.691	0.728	0.769	0.817	0.877	1.020
0.71	0.242	0.268	0.294	0.320	0.346	0.372	0.399	0.425	0.452	0.480	0.508	0.536	0.566	0.597	0.629	0.663	0.700	0.741	0.789	0.849	0.992
0.72	0.214	0.240	0.266	0.292	0.318	0.344	0.371	0.397	0.424	0.452	0.480	0.508	0.538	0.569	0.601	0.635	0.672	0.713	0.761	0.821	0.964
0.73	0.186	0.212	0.238	0.264	0.290	0.316	0.343	0.369	0.396	0.424	0.452	0.480	0.510	0.541	0.573	0.607	0.644	0.685	0.733	0.793	0.936
0.74	0.159	0.185	0.211	0.237	0.263	0.289	0.316	0.342	0.369	0.397	0.425	0.453	0.483	0.514	0.546	0.580	0.617	0.658	0.706	0.766	0.909
0.75	0.132	0.158	0.184	0.210	0.236	0.262	0.289	0.315	0.342	0.370	0.398	0.426	0.456	0.487	0.519	0.553	0.590	0.631	0.679	0.739	0.882
0.76	0.105	0.131	0.157	0.183	0.209	0.235	0.262	0.288	0.315	0.343	0.371	0.399	0.429	0.460	0.492	0.526	0.563	0.604	0.652	0.712	0.855
0.77	0.079	0.105	0.131	0.157	0.183	0.209	0.236	0.262	0.289	0.317	0.345	0.373	0.403	0.434	0.466	0.500	0.537	0.578	0.626	0.685	0.829
0.78	0.052	0.078	0.104	0.130	0.156	0.182	0.209	0.235	0.262	0.290	0.318	0.346	0.376	0.407	0.439	0.473	0.510	0.551	0.599	0.659	0.802
0.79	0.026	0.052	0.078	0.104	0.130	0.156	0.183	0.209	0.236	0.264	0.292	0.320	0.350	0.381	0.413	0.447	0.484	0.525	0.573	0.633	0.776
0.80	0.000	0.026	0.052	0.078	0.104	0.130	0.157	0.183	0.210	0.238	0.266	0.294	0.324	0.355	0.387	0.421	0.458	0.499	0.547	0.609	0.750
0.81		0.000	0.026	0.052	0.078	0.104	0.131	0.157	0.184	0.212	0.240	0.268	0.298	0.329	0.361	0.395	0.432	0.473	0.521	0.581	0.724
0.82			0.000	0.026	0.052	0.078	0.105	0.131	0.158	0.186	0.214	0.242	0.272	0.303	0.335	0.369	0.406	0.447	0.495	0.555	0.698
0.83				0.000	0.026	0.052	0.079	0.105	0.132	0.160	0.188	0.216	0.246	0.277	0.309	0.343	0.380	0.421	0.469	0.529	0.672
0.84					0.000	0.026	0.053	0.079	0.106	0.134	0.162	0.190	0.220	0.251	0.283	0.317	0.354	0.395	0.443	0.503	0.646
0.85						0.000	0.027	0.053	0.080	0.108	0.136	0.164	0.194	0.225	0.257	0.291	0.328	0.369	0.417	0.477	0.620
0.86							0.000	0.026	0.053	0.081	0.109	0.137	0.167	0.198	0.230	0.264	0.301	0.342	0.390	0.450	0.593
0.87								0.000	0.027	0.055	0.083	0.111	0.141	0.172	0.204	0.238	0.275	0.316	0.364	0.424	0.567
0.88									0.000	0.028	0.056	0.084	0.114	0.145	0.177	0.211	0.248	0.289	0.337	0.397	0.540
0.89										0.000	0.028	0.056	0.086	0.117	0.149	0.183	0.220	0.261	0.309	0.369	0.512
0.90											0.000	0.028	0.058	0.089	0.121	0.155	0.192	0.233	0.281	0.341	0.484
0.91												0.000	0.030	0.061	0.093	0.127	0.164	0.205	0.253	0.313	0.456
0.92													0.000	0.031	0.063	0.097	0.134	0.175	0.223	0.283	0.426
0.93														0.000	0.032	0.066	0.103	0.144	0.192	0.252	0.395
0.94															0.000	0.034	0.071	0.112	0.160	0.220	0.363
0.95																0.000	0.037	0.079	0.126	0.186	0.329
0.96																	0.000	0.041	0.089	0.149	0.292
0.97																		0.000	0.048	0.108	0.251
0.98																			0.000	0.060	0.203
0.99																				0.000	0.143
1.00																					0.000

Anexo B

Lei nº 10.295, de 17 de outubro de 2001

Dispõe sobre a Política Nacional de Conservação e Uso Racional de Energia e dá outras providências.

O Presidente da República

Faço saber que o Congresso Nacional decreta e eu sanciono a seguinte Lei:

Art. 1º A Política Nacional de Conservação e Uso Racional de Energia visa a alocação eficiente de recursos energéticos e a preservação do meio ambiente.

Art. 2º O Poder Executivo estabelecerá níveis máximos de consumo específico de energia, ou mínimos de eficiência energética, de máquinas e aparelhos consumidores de energia fabricados ou comercializados no País, com base em indicadores técnicos pertinentes.

§ 1º Os níveis a que se refere o caput serão estabelecidos com base em valores técnica e economicamente viáveis, considerando a vida útil das máquinas e aparelhos consumidores de energia.

§ 2º Em até 1 (um) ano a partir da publicação destes níveis, será estabelecido um Programa de Metas para sua progressiva evolução.

Art. 3º Os fabricantes e os importadores de máquinas e aparelhos consumidores de energia são obrigados a adotar as medidas necessárias para que sejam obedecidos os níveis máximos de consumo de energia e mínimos de eficiência energética, constantes da regulamentação específica estabelecida para cada tipo de máquina e aparelho.

§ 1º Os importadores devem comprovar o atendimento aos níveis máximos de consumo específico de energia, ou mínimos de eficiência energética, durante o processo de importação.

§ 2º As máquinas e aparelhos consumidores de energia encontrados no mercado sem as especificações legais, quando da vigência da regulamentação específica, deverão ser recolhidos, no prazo máximo de 30 (trinta) dias, pelos respectivos fabricantes e importadores.

§ 3º Findo o prazo fixado no § 2, os fabricantes e importadores estarão sujeitos às multas por unidade, a serem estabelecidas em regulamento, de até 100% (cem por cento) do preço de venda por eles praticados.

Art. 4º O Poder Executivo desenvolverá mecanismos que promovam a eficiência energética nas edificações construídas no País.

Art. 5º Previamente ao estabelecimento dos indicadores de consumo específico de energia, ou de eficiência energética, de que trata esta Lei, deverão ser ouvidas em audiência pública, com divulgação antecipada das propostas, entidades representativas de fabricantes e importadores de máquinas e aparelhos consumidores de energia, projetistas e construtores de edificações, consumidores, instituições de ensino e pesquisa e demais entidades interessadas.

Art. 6º Esta Lei entra em vigor na data de sua publicação.

Brasília, 17 de outubro de 2001; 180º da Independência e 113º da República.

Fernando Henrique Cardoso
José Jorge
Pedro Parente

Este texto não substitui o publicado no D.O.U. de 18/10/2001 – Seção I-E.

Anexo C

Procedimentos de Distribuição

Faixas de Classificação de Tensões – Tensões de Regime Permanente

Tabela C.1 Pontos de conexão em Tensão Nominal igual ou superior a 230 kV

Tensão de Atendimento (TA)	Faixa de variação da Tensão de Leitura (TL) em relação à Tensão de Referência (TR)
Adequada	0,95 TR ≤ TL ≤ 1,05 TR
Precária	0,93 TR ≤ TL < 0,95 TR ou 1,05 TR < TL ≤ 1,07 TR
Crítica	TL < 0,93 TR ou TL > 1,07 TR

Tabela C.2 Pontos de conexão em Tensão Nominal igual ou superior a 69 kV e inferior a 230 kV

Tensão de Atendimento (TA)	Faixa de variação da Tensão de Leitura (TL) em relação à Tensão de Referência (TR)
Adequada	0,95 TR ≤ TL ≤ 1,05 TR
Precária	0,90 TR ≤ TL < 0,95 TR ou 1,05 TR < TL £ 1,07 TR
Crítica	TL < 0,90 TR ou TL > 1,07 TR

Tabela C.3 Pontos de conexão em Tensão Nominal superior a 1 kV e inferior a 69 kV

Tensão de Atendimento (TA)	Faixa de variação da Tensão de Leitura (TL) em relação à Tensão de Referência (TR)
Adequada	0,93 TR ≤ TL ≤ 1,05 TR
Precária	0,90 TR ≤ TL < 0,93 TR
Crítica	TL < 0,90 TR ou TL > 1,05 TR

Tabela C.4 Pontos de conexão em Tensão Nominal igual ou inferior a 1 kV (220/127)

Tensão de Atendimento (TA)	Faixa de variação da Tensão de Leitura (volts)
Adequada	(202 ≤ TL ≤ 231) / (117 ≤ TL ≤ 133)
Precária	(191 ≤ TL < 202 ou 231 < TL ≤ 233)/ (110 ≤ TL < 117 ou 133 < TL ≤ 135)
Crítica	(TL < 191 ou TL > 233) / (TL < 110 ou TL > 135)

Tabela C.5 Pontos de conexão em Tensão Nominal igual ou inferior a 1 kV (380/220)

Tensão de Atendimento (TA)	Faixa de variação da Tensão de Leitura (volts)
Adequada	(350 ≤ TL ≤ 399) / (202 ≤ TL ≤ 231)
Precária	(331 ≤ TL < 350 ou 399 < TL ≤ 403) / (191 ≤ TL < 202 ou 231 < TL ≤ 233)
Crítica	(TL < 331 ou TL > 403) / (TL < 191 ou TL > 233)

Tabela C.6 Pontos de conexão em Tensão Nominal igual ou inferior a 1 kV (254/127)

Tensão de Atendimento (TA)	Faixa de variação da Tensão de Leitura (volts)
Adequada	(234 ≤ TL ≤ 267) / (117 ≤ TL ≤ 133)
Precária	(221 ≤ TL < 234 ou 267 < TL ≤ 269) (110 ≤ TL < 117 ou 133 < TL ≤ 135)
Crítica	(TL < 221 ou TL > 269) / (TL < 110 ou TL > 135)

Tabela C.7 Pontos de conexão em Tensão Nominal igual ou inferior a 1 kV (440/220)

Tensão de Atendimento (TA)	Faixa de variação da Tensão de Leitura (volts)
Adequada	(405 ≤ TL ≤ 462) / (202 ≤ TL ≤ 231)
Precária	(383 ≤ TL < 405 ou 462 < TL ≤ 466) (191 ≤ TL < 202 ou 231 < TL ≤ 233)
Crítica	(TL < 383 ou TL > 466) / (TL < 191 ou TL > 233)

Tabela C.8 Pontos de conexão em Tensão Nominal igual ou inferior a 1 kV (208/120)

Tensão de Atendimento (TA)	Faixa de variação da Tensão de Leitura (volts)
Adequada	(191 ≤ TL ≤ 218) / (110 ≤ TL ≤ 126)
Precária	(181 ≤ TL < 191 ou 218 < TL ≤ 220) / (104 ≤ TL < 110 ou 126 < TL ≤ 127)
Crítica	(TL < 181 ou TL > 220) / (TL < 104 ou TL > 127)

Tabela C.9 Pontos de conexão em Tensão Nominal igual ou inferior a 1 kV (230/115)

Tensão de Atendimento (TA)	Faixa de variação da Tensão de Leitura (volts)
Adequada	(212 ≤ TL ≤ 242) / (106 ≤ TL ≤ 121)
Precária	(200 ≤ TL < 212 ou 242 < TL ≤ 244) (100 ≤ TL < 106 ou 121 < TL ≤ 122)
Crítica	(TL < 200 ou TL > 244) / (TL < 100 ou TL > 122)

Tabela C.10 Pontos de conexão em Tensão Nominal igual ou inferior a 1 kV (240/120)

Tensão de Atendimento (TA)	Faixa de variação da Tensão de Leitura (volts)
Adequada	(221 ≤ TL ≤ 252) / (110 ≤ TL ≤ 126)
Precária	(209 ≤ TL < 221 ou 252 < TL ≤ 254) / (104 ≤ TL < 110 ou 126 < TL ≤ 127)
Crítica	(TL < 209 ou TL > 254) / (TL < 104 ou TL > 127)

Tabela C.11 Pontos de conexão em Tensão Nominal igual ou inferior a 1 kV (220/110)

Tensão de Atendimento (TA)	Faixa de variação da Tensão de Leitura (volts)
Adequada	(202 ≤ TL ≤ 231) / (101 ≤ TL ≤ 116)
Precária	(191 ≤ TL < 202 ou 231 < TL ≤ 233) (96 ≤ TL < 101 ou 116 < TL ≤ 117)
Crítica	(TL < 191 ou TL > 233) / (TL < 96 ou TL > 117)

Fonte: Agência Nacional de Energia Elétrica (Aneel).

Bibliografia

4ASES. **Eficiência energética em motores**. s/d. Disponível em: <https://bit.ly/36RKo9a>. Acesso em: 14 jan. 2019.

AGENCIA CHILENA DE EFICIENCIA ENERGÉTICA (ACHEE). **Guía de implementación de sistema de gestión de la energía basada en ISO 50001**. 2013.

AGÊNCIA NACIONAL DE ENERGIA ELÉTRICA (ANEEL). **Atlas de energia elétrica do Brasil**. 3. ed. Brasília: Cedoc, 2008. Disponível em: <https://bit.ly/2QQLFHP>. Acesso em: 14 jan. 2019.

______. **Por dentro da conta de luz**: informação de utilidade pública. 4. ed. Brasília: Aneel, 2008.

______. **Procedimentos de Distribuição de Energia Elétrica no Sistema Elétrico Nacional – Prodist**. Módulo 8 – Qualidade da Energia Elétrica. Disponível em: <https://bit.ly/2RgAoiX>. Acesso em: 14 jan. 2019.

______. **Resolução Normativa nº 024/2000**. Disponível em: <https://bit.ly/30kecsx>. Acesso em: 14 jan. 2019.

______. **Resolução Normativa nº 414/2010**. Disponível em: <https://bit.ly/2tkBF0t>. Acesso em: 14 jan. 2019.

______. **Resolução Normativa nº 456/2000**. Disponível em: <https://bit.ly/2NrZFWl>. Acesso em: 14 jan. 2019.

______. **Resolução Normativa nº 505/2001**. Disponível em: <https://bit.ly/36Vf3Cv>. Acesso em: 14 jan. 2019.

______. **Resolução Normativa nº 569/2013**. Disponível em: <https://bit.ly/30I2YE0>. Acesso em: 14 jan. 2019.

______. **Sobre a Agência**. Disponível em: <http://www.aneel.gov.br>. Acesso em: 14 jan. 2019.

______. **Tarifas de fornecimento de energia elétrica**. Brasília: Aneel, 2005.

AGÊNCIA NACIONAL DE VIGILÂNCIA SANITÁRIA (ANVISA). **Resolução Normativa nº 09/2003**. Disponível em: <https://bit.ly/2FTkJkg>. Acesso em: 14 jan. 2019.

ALDABÓ, R. **Energia solar**. São Paulo: Artliber, 2002.

ANDRADE & CANELLAS. **O desenvolvimento do ACL:** questões e soluções. 2010.

ASSOCIAÇÃO BRASILEIRA DE NORMAS TÉCNICAS (ABNT). **NBR ISO 50001:2018** – Sistemas de gestão da energia – Requisitos com orientações para uso. Disponível em: <https://bit.ly/2PFv2wZ>. Acesso em: 14 jan. 2019.

______. **NBR 10184** – Coletores solares planos para líquidos: determinação do rendimento térmico. Rio de Janeiro, 1988.

______. **NBR 10185** – Reservatórios térmicos para líquidos destinados a sistemas de energia determinação de desempenho térmico. Rio de Janeiro, 1988.

______. **NBR 12269** – Execução de instalações de sistemas de energia solar que utilizam coletores solares planos para aquecimento de água. Rio de Janeiro, 1992.

______. **NBR 14039** – Instalações elétricas de média tensão, 1992. De 1,0 a 36.2 kV. São Paulo, 2005.

______. **NBR 5410** – Instalações elétricas de baixa tensão, 1992. De 0,50 a 1,0 kV. São Paulo, 2004.

______. **NBR 5413** – Iluminação de interiores. Rio de Janeiro, 1992.

BRASIL. Ministério de Minas e Energia. **Pesquisa geral**. Disponível em: <http://www.mme.gov.br>. Acesso em: 14 jan. 2019.

______. **Plano Nacional de Energia 2030**. Brasília: EPE 2007. Disponível em: <https://bit.ly/30l5hqJ>. Acesso em: 14 jan. 2019.

CÂMARA DE COMERCIALIZAÇÃO DE ENERGIA ELÉTRICA (CCEE). **A CCEE**. Disponível em: <http://www.ccee.org.br>. Acesso em: 14 jan. 2019.

CAPELLI, A. **Energia elétrica para o sistema de automação da produção**. São Paulo: Érica, 2007.

COMETTA, E. **Energia solar**: utilização e empregos práticos. São Paulo: Hemus, 2004.

COTRIM, A. A. M. B. **Instalações elétricas**. 4. ed. São Paulo: Prentice Hall, 2006.

DEPARTAMENTO NACIONAL DE AQUECIMENTO SOLAR (DASOL). **Aquecimento solar.** Disponível em: <http://www.dasolabrava.org.br>. Acesso em: 14 jan. 2019.

EMPRESA DE PESQUISA ENERGÉTICA (EPE). Disponível em: <https://bit.ly/387WRG0>. Acesso em: 14 jan. 2019.

______. **Plano Decenal de Expansão de energia 2027** – Demanda. Rio de Janeiro, 2018.

______. **Balanço Energético Nacional 2019**: ano base 2018. Rio de Janeiro, 2019.

EQUIPAMENTOS TERMO-HIDRÁULICOS (Ecosol). **Aquecimento solar.** Disponível em: <http://www.ecosolenergiasolar.com>. Acesso em: 14 jan. 2019.

FUNDAÇÃO VANZOLINI. **Referencial técnico de certificação AQUA**. São Paulo, 2007.

______. **Referencial de avaliação da qualidade ambiental de edifícios não residenciais em construção – AQUA-HQE**. São Paulo, 2018.

GEDRA, R. L.; BARROS, B. F. **Cabine primária**: subestações de alta-tensão de consumidor. São Paulo: Érica, 2010.

INSTITUTO NACIONAL DE METROLOGIA, NORMALIZAÇÃO E QUALIDADE INDUSTRIAL (INMETRO). **Programa Brasileiro de Etiquetagem.** Disponível em: <https://bit.ly/2NqnmOU>. Acesso em: 14 jan. 2019.

INTERNATIONAL COPPER ASSOCIATION BRAZIL. **Guia para aplicação da norma ABNT NBR ISO 50001**. Gestão de energia. mar. 2018. Disponível em: <https://bit.ly/2RcmgY8>. Acesso em: 14 jan. 2019.

INTERNATIONAL ELECTROTECHNICAL COMMISSION (IEC). **Norma 61000-3-3**: Limitation of voltage changes, voltage fluctuations and flicker in public low-voltage supply systems, for equipment with rated current ≤ 16 A per phase and not subject to conditional connection. Suíça, 2017.

INTERNATIONAL ENERGY AGENCY (IEA). Energy and climate change. **World Energy Outlook Special Report**. Paris, 2015.

KISS, P. A fonte da eternidade. **Revista Techne**. 41. ed. jul. 2008. Disponível em: <http://www.revistatechne.com.br>. Acesso em: 14 jan. 2019.

LARA, A. M. **Eficiência energética em edificações e equipamentos**. Dissertação (Mestrado) – Universidade Anhembi Morumbi. São Paulo, 2009.

MAMEDE FILHO, J. **Instalações elétricas industriais:** NBR 5410:2004 e 14039. 7. ed. Rio de Janeiro: LTC, 2007.

OPERADOR NACIONAL DO SISTEMA (ONS). **Procedimentos de rede**. Submódulo 2.2 – Padrões de Desempenho da Rede Básica e Requisitos mínimos para suas instalações. 2008. Disponível em: <https://bit.ly/36RO7DG>. Acesso em: 14 jan. 2019.

OPERADOR NACIONAL DO SISTEMA (ONS). **Procedimentos de rede**. Submódulo 2.8 – Gerência dos Indicadores de Desempenho da Rede Básica. 2008. Disponível em: <https://bit.ly/2tX8DEc>. Acesso em: 14 jan. 2019.

OSRAM LÂMPADAS. **Catálogo**. Disponível em: <https://bit.ly/2FN4sgU>. Acesso em: 14 jan. 2019.

PROGRAMA NACIONAL DE CONSERVAÇÃO DE ENERGIA ELÉTRICA (PROCEL). Pesquisa de posse de equipamentos e hábitos de uso – Ano Base 2015 – **Classe Comercial de Alta Tensão**. Rio de Janeiro, 2008.

______. Pesquisa de posse de equipamentos e hábitos de uso – Ano Base 2015 – **Classe Industrial de Alta Tensão**. Rio de Janeiro, 2008.

______. Pesquisa de posse de equipamentos e hábitos de uso – Ano Base 2015 – **Classe Residencial**. Rio de Janeiro, 2008.

______. **Regulamentação para etiquetagem voluntária de nível de eficiência energética de edifícios comerciais de serviços públicos**. Brasília, 2007.

______. **Sistemas de ar condicionado e refrigeração**. 2002. Disponível em: <http://www.eletrobras.com/elb/procel/main.asp>. Acesso em: 5 mar. 2020.

RODRIGUES, P. **Manual de iluminação suficiente**. Programa Nacional de Conservação de Energia Elétrica, jul. 2002.

ROSIM, S. O. **Geração de energia elétrica**: um enfoque histórico e institucional das questões comerciais no Brasil. 2008. 153 p. Dissertação (Mestrado) – Universidade de São Paulo. São Paulo, 2008.

SÃO PAULO (Estado). **Pesquisa da USP revela que chuveiro elétrico é mais econômico que aquecedores**. 2010. Disponível em: <https://bit.ly/30kfWlz>. Acesso em: 14 jan. 2019.

SOUZA, L. G. M. Análise comparativa entre coletor solar plano convencional e coletor solar alternativo composto por múltiplos tubos de PVC. **IV Conem – Congresso Nacional de Engenharia Mecânica**. Belém/PA, 2004.

______. Sistema de aquecimento solar de água para aplicações residenciais utilizando materiais alternativos. **IV Conem – Congresso Nacional de Engenharia Mecânica**. Recife/PE, 2006.

SOUZA, L. G. M.; GOMES, U. U. Viabilidades térmica, econômica e de materiais da utilização de tubos de PVC como elementos absorvedores em coletores de um sistema de aquecimento de água por energia solar. 2002. Tese (Doutorado) – Programa de Doutorado em Ciência e Engenharia de Materiais. Universidade Federal do Rio Grande do Norte, 2002.

UNIVERSIDADE FEDERAL DO RIO GRANDE DO SUL (UFRGS). **Guia prático:** energia fotovoltaica. Pesquisa de Laboratório. Disponível em: <https://bit.ly/2tVsT9p>. Acesso em: 14 jan. 2019.

______. Escola de Engenharia. **Laboratório de Energia Solar (Labsol)**. Disponível em: <http://www.solar.ufrgs.br>. Acesso em: 14 dez. 2019.

UNITED NATIONS INDUSTRIAL DEVELOPMENT ORGANIZATION (UNIDO). **Practical Guide for Implementing an Energy Management System**. Viena, 2013.

U.S. GREEN BUILDING COUNCIL. **LEED 2009 for new construction and major innovations**. 2016. Disponível em: <https://bit.ly/2QVQEqW>. Acesso em: 14 jan. 2019.

VOLTAGE SAGS INDICES. Draft 2. **IEEE**, P1564 and CIGRE WG 36-07, dez. 2000. Disponível em: <https://bit.ly/36XEsv6>. Acesso em: 14 jan. 2019.

Marcas registradas

AES Eletropaulo (atualmente Enel Distribuição São Paulo) era marca registrada da Eletropaulo Metropolitana Eletricidade de São Paulo.

Todos os demais nomes registrados, marcas registradas ou direitos de uso citados neste livro pertencem aos seus respectivos proprietários.